924 turbo
924

Jan-Henrik Muche

Porsche 924
Die perfekte Balance

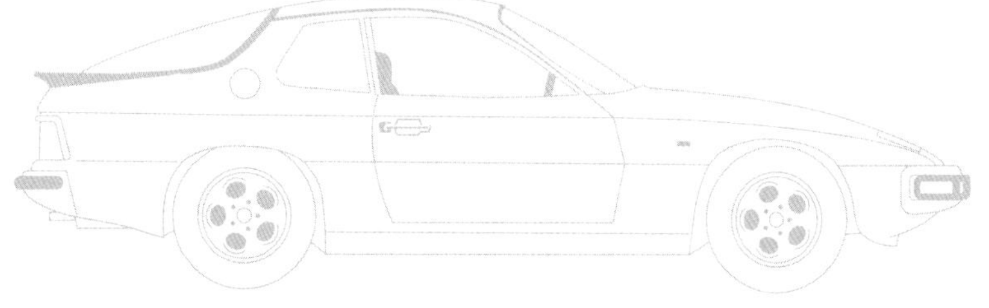

HEEL

Impressum

HEEL Verlag GmbH
Gut Pottscheidt
53639 Königswinter
Telefon 0 22 23 / 92 30-0
Telefax 0 22 23 / 92 30 26
Mail: info@heel-verlag.de
Internet: www.heel-verlag.de

Verantwortlich für den Inhalt:
Jan-Henrik Muche

Lektorat:
Jost Neßhöver

Fotonachweis:
Porsche AG, Archiv Jürgen Barth, Archiv Rainer Buchmann, Andreas Beyer, katorisi (S. 27), Stephan Lindloff, Roman Rätzke, Götz von Sternenfels,

Satz und Gestaltung:
Grafikbüro Schumacher, Königswinter

Printed in Slovenia

ISBN: 978-3-95843-498-1

Jan-Henrik Muche

PORSCHE

924 DIE PERFEKTE BALANCE

HEEL

Inhalt

Carrera GT
S CD 1337
PORSCHE MUSEUM

VORWORT

Porsche 924
Die perfekte Balance

Frontmotor, Wasserkühlung, ein richtiger Kofferraum! Die Transaxle-Typen 924, 944, 968 und der große 928 haben gezeigt, dass Porsche auch ganz anders kann. Heute, da das Ende der Ära Luftkühlung bei Porsche auch schon zwei Jahrzehnte zurückliegt, tragen die Bestseller der Firma Porsche, die SUV Cayenne und Macan, wie selbstverständlich das Triebwerk vorn. An dieser heute so alltäglich wirkenden Akzeptanz haben die rund 20 Jahre lang gebauten Frontmotor-Typen mitgearbeitet.

Dem 924, der den Anfang machte, fiel die schwerste und größte Aufgabe zu: Er musste alles richtig machen. Es war an ihm, altgediente Fans der Marke, Neuwagenkäufer und kritische Tester von der Schlüssigkeit und Richtigkeit des Konzepts zu überzeugen – und glaubhaft zu machen, dass er, der eigentlich als Volkswagen geplant und entwickelt worden war, ein echter Porsche sei.

Der 924 hat es geschafft. Und er ist mit den Herausforderungen gewachsen. Aus dem schlanken, volksnahen Sportler wurde dank Turbo und Motor des 944 ein ernstzunehmender Sport- und Rennwagen und am Ende ein kleiner Gran Turismo für Kenner. Es reichte sogar, um erfolgreich im Rallye- und Rundstreckenrennsport an den Start zu gehen und in Le Mans ein Ausrufezeichen zu setzen. Spätestens da hatte der 924 bewiesen, dass er den Namen Porsche zu Recht trug.

Darüber hinaus lieferte er die Blaupause für den großen Bruder 944, der sich gemeinsam mit dem 924 zum bis dato größten Verkaufserfolg der Unternehmensgeschichte entwickelte. Mit 924 und 944 verdiente Porsche das Geld, das die Firma durch unsichere Zeiten brachte, mit dem vierzylindrigen 968 erlebte das Konzept seinen Höhepunkt.

Im Hause selbst waren 924 und Nachfolger nicht immer wohlgelitten. Lange wurde das Thema Transaxle bei Porsche kleingeredet, vor allem in jenen Jahren, als Wasserkühlung auch beim 911 zum Normalfall wurde. Heute gibt es mit 718 Boxster und Cayman wieder zwei Porsche-Modelle mit Vierzylinder. Wenn die Ziffer im Namen der Neuen auch weiter in die Rennsport-Vergangenheit zurück weist, ist der 924 doch ein wichtiger Teil der langen und erfolgreichen Porsche-Vierzylinder-Geschichte. Mehr als 150.000 Einheiten des 924 wurden zwischen 1976 und 1988 gebaut, bald erhalten die letzten von ihnen das H-Kennzeichen. Damit ist der 924 im besten Klassikeralter – und trotzdem ein Sportwagen, der heute noch so jung wirkt wie damals, als Porsche sich mit einem neuen Auto neu erfand.

Jan-Henrik Muche

Aus dem volksnahen Sportler wurde dank Turbo und Motor des 944 ein ernstzunehmender Sport- und Rennwagen und am Ende ein kleiner Gran Turismo für Kenner.

Getriebe hinten - Motor vorn
Transaxle dazwischen
Mehr Fahrsicherheit -
aktive und passive
PORSCHE
Dr.-Ing. h. c. F. Porsche AG Stuttgart-Zuffenhausen · Printed in Germany · Oktober 1976 · Entwurf Werbeagentur Strenger

Porsche 356, 912 und 914
Mit vier Zylindern zum Erfolg

Ab Mitte der neunziger Jahre verfestigte sich ein Bild in den Köpfen von Porsche-Kunden und Verantwortlichen des Unternehmens, das so eigentlich gar nicht der Realität entsprach: Nur ein Porsche mit Sechszylinder-Boxermotor sei ein echter Porsche.

Verstärkt wurde diese Wahrnehmung durch den Umstand, dass das große Transaxle-Modell 928 gleichzeitig mit dem 968 als letztem Vertreter der Vierzylinder-Frontmotormodelle eingestellt worden war. Einen direkten Nachfolger sollte es nicht geben, weder für den einen noch für den anderen. Stattdessen endete mit dem neuen Elfer der Generation 996 nicht nur die Ära der Luftkühlung, sondern kam in Form des Boxster ein völlig anderes, neu konzipiertes Einsteigermodell auf den Markt.

Einerseits bezog sich der Mittelmotor-Sportwagen auf weit zurückliegende Rennsport-Modelle (die konstruktive Nähe zum ungeliebten VW-Porsche und die überdeutliche Parallele zum 914/6 wurde zeitlebens verschwiegen), andererseits besaß er im Gegensatz zu seinen direkten Vorgängern 924, 944 und 968 einen Sechszylinder, 204 PS stark und 2,5 Liter groß. Das Erscheinen des Boxsters markierte den Anfang des großen Schweigens um die Vorgänger mit vier Zylindern.

Dabei waren sie es, die am Aufstieg des Unternehmens mitwirkten und für erste wichtige Erfolge im Motorsport sorgten. Und wie der spätere 924 basierten auch 356 und 914 zu großen Teilen auf VW-Komponenten.

Was sich auch im Preis ausdrückte. Stets blieb die 356-Baureihe, abgesehen von einigen besonders leistungsstarken Sonder- und Sportmodellen, trotz ihres exklusiven Status in der Kategorie zwischen 10.000 (1100 Coupé) und 18.000 Mark (SC Cabriolet). Mit dem Zugewinn an Leistung und Prestige bedurfte es günstigerer Typen, Einsteigermodelle in die Porsche-Welt waren gefragt. Diese Rolle übernahmen der in der Ausstattung reduzierte Speedster sowie die Basisversionen der jeweiligen 356-Generation. Unterhalb der stärkeren Super-, SC- oder ultimativen Carrera-Typen angesiedelt, stand die sanfte „Dame" mit 1,6 Litern Hubraum und 60 PS, später 75 PS, für die günstigste Art, Porsche zu fahren.

Wie der spätere 924 basierten auch die Typen 356 und 914 zu großen Teilen auf VW-Komponenten.

Gruppenbild mit Damen: Äußerlich von den übrigen 356-Modellen nicht zu unterscheiden, arbeitete im Heck der „Dame" stets der schwächste Vierzylinder-Boxermotor.

Dabei war der Kauf eines 356 mit dem schwächsten verfügbaren Triebwerk nicht an eine Modellvariante gebunden. In Coupé wie Cabriolet, in Speedster, Convertible D oder Hardtop-Coupé war der Basismotor gleichermaßen verfügbar.

Natürlich blieb ein Porsche 356 ein Luxusgut. Mit dem Debüt des 911 verschob sich das Preisgefüge empfindlich nach oben: 21.900 Mark kostete der neue 911 im Frühjahr 1965, bereits vier Monate später lag der Preis um nochmals 1000 DM höher. Damit überschritt Porsche die Schmerz-Grenze vieler potenzieller Käufer sowohl in Deutschland als auch auf dem lebenswichtigen Exportmarkt USA. Zu den Konkurrenten des neuen Porsche zählte der seit 1963 gehandelte Mercedes-Benz W 113, die „Pagode". Obwohl mit mehr Hubraum und PS ausgestattet, notierte der 230 SL um einige hundert Mark unter dem 911.

Mit dem Auslaufen des 356 SC im April 1965 fand sich Porsche in einer teuer ausgepreisten Monokultur wieder. Die Frage nach einem günstigeren Einstiegsmodell beantwortete deshalb Ende 1965 der 912 in Form des 911 mit dem Herzen des 356 SC.

Mit dem alten Motor im neuen Auto erweiterte Porsche die Modellpalette nach unten und bediente all jene Kunden, für die Leistung nicht oberste Priorität hatte. 16.500 DM kostete der 912, der sich trotz seines Preisvorteils von fast 3500 Mark und um 100 Kilo geringeren Gewichts nicht als Magermodell präsentierte, sondern vielmehr in der Tradition der 356 „Dame" stand: ein vollwertiger Porsche mit eher genug als zu viel PS.

Zwar musste die Vierzylinder-Variante mit einem sparsam ausgestatteten Armaturenbrett mit nur drei Instrumenten auskommen (fünf Uhren kosteten Aufpreis), verfügte aber ansonsten über nahezu alle modernen Merkmale des kräftiger motorisierten Verwandten: vier Scheibenbremsen, Liegesitze und Ausstellfenster. Gespart wurde im Heck, wo der reaktivierte, standfeste 1,6-Liter-Motor vom Typ 616/36 des 356 SC Dienst tat.

Für den Einsatz im 912 wurde die Leistung von 95 auf 90 PS bei 5800/min gesenkt. Die Fahrleistungen lagen auf dem Niveau des Vorgängers: nach 13,5 Sekunden fiel die 100 km/h-Marke, die Spitze lag bei 185 km/h. Auf Wunsch und gegen 340 Mark Aufgeld war auch im 912 ein Fünfganggetriebe zu haben, ebenso stand eine Targa-Version zur Verfügung. Wie richtig Porsche insgesamt mit diesem Konzept des neuinterpretierten geldwerten Vorteils lag, bewiesen die Verkaufszahlen des 912. Noch 1965 wurden 6041 Exemplare verkauft, doppelt so viele wie vom stärkeren 911!

Nach dem Auslaufen des 356 SC übernahm der 912 die Rolle des Einsteiger-Porsche. Der nur etwas sparsamer ausgestattete, aber deutlich günstiger ausgepreiste 912 entwickelte sich aus dem Stand zum Erfolgsmodell und verkaufte sich zeitweilig doppelt so gut wie der 911.

Damenwahl: Der 912 zeigte sich in der Ausstattung, nicht in der Form reduziert. Stahlräder mit Radkappen, ein Armaturenbrett mit drei Instrumenten und der auf 90 PS gedrosselte Vierzylinder-Boxer vom Typ 616/36 waren serienmäßig.

Die Entwicklungsschritte des Elfers ging der 912 mit, der Preisabstand zwischen unten und oben lag stets in einem Bereich von rund 4000 Mark. Seit August 1968 verfügte auch der 912 über einen längeren Radstand, der Motor blieb bis 1969 unverändert. In diesem Jahr endete nach 30.300 gebauten Exemplaren die ungewöhnlich erfolgreiche Produktion des 912 – bis dahin hatte die Einsteiger-Version den 911 bei den Stückzahlen auf den zweiten Platz verwiesen. 1:0 für den Vierzylinder.

Die Nachfolge des 912 trat ab sofort der neu konstruierte, radikal gegensätzlich gezeichnete Mittelmotor-Typ 914 an; auch er eine Konstruktion, die unter Einbeziehung vieler VW-Komponenten entstanden war.

Die Entstehungsgeschichte des 914 nahm ihren Anfang bereits mit dem Ende des 356. In seiner Zielsetzung und Konstruktion sowie mit der Kombination aus VW- und Porsche-Komponenten war er seinem Nachfolger 924 viel näher als 356 und 912, die beide zu hundert Prozent Porsche waren. Ohne Porsche hätte es den VW-Porsche jedoch nie gegeben. Der hohe Preis des 911 und das Fehlen eines Cabrios führten zu 912 und 911 Targa. Die ersten „Sicherheits-Cabriolets" gingen im Dezember 1966 in Produktion, damit war die Idee eines Sportwagens mit Überrollbügel in der Welt.

Mehr VW als Porsche im 914

Parallel lief die Entwicklung eines sportlichen, deutlich günstiger positionierten Porsche-Modells unterhalb von 911 und 912 an, das an die Erfolge der in den USA so populären 356 Cabrio und Speedster anknüpfen sollte. Vor allem der funktional ausgestattete, billige Speedster war ein großer Verkaufserfolg gewesen.

Der anschließende Auftrags-Eingang in der hauseigenen Entwicklungsabteilung las sich, kurz zusammen gefasst, wie folgt: „Entwürfe anfertigen für einen Roadster (mit Kurbelfenster, Hardtop, verschiedene Sitzanordnungen) mit Motoren 616/36 und 901/03." Die Idee, sowohl die Tauglichkeit des 90 PS starken 912-Motors (616/36), bekannt aus dem 356, als auch die des 110 PS starken Ablegers des 911-Aggregats (901/03) zu prüfen, zeigte an, dass Porsche auch bei einem potenziellen Einsteigermodell nicht an Leistung sparen wollte. Bereits vorhandene Triebwerke auch weiter unten in der Modell-Palette zu nutzen, war ohnehin ein wirtschaftliches Gebot der Stunde.

Gleichzeitig begann bei Volkswagen die Suche nach einem geeigneten Nachfolger für den Karmann-Ghia. Am 9. Februar 1966 trafen Ferry Porsche, Ferdinand Piëch als Leiter der Entwicklungsabteilung und Konstrukteur Wolfgang Eyb in Wolfsburg ein, um mit der VW-Geschäftsleitung die Möglichkeit einer gemeinsamen Roadster-Entwicklung zu besprechen.

Schnell stellte sich jedoch heraus, dass der vom Käfer übernommene Radstand von 2400 mm und die geplante Verwendung verschiedener Typ 1-Bauteile weder der Fahrsicherheit noch der Raumaufteilung dienten und darüber hinaus schlichtweg veraltet waren. Auch die Spurweiten wuchsen, da der Roadster als

Auf der Suche nach Ersatz für Karmann-Ghia und 912 taten sich Volkswagen und Porsche zusammen. Das betont geradlinige Design brach mit den Traditionen beider Häuser, Mittelmotor-Konzept und Targabügel standen für topmoderne Kontruktionsmerkmale.

SCHÖNE FRAUEN, GRELLE FARBEN:
DIE 914-WERBUNG
ENTSPRACH DEM BUNTEN ZEITGEIST.

Linie der Vernunft: Das klare, nüchtern anmutende Design des 914 war bei Porsche entworfen worden. Schneller als ein Käfer und mit Porsche verwandt, so zeigte ihn die Werbung. Bald avancierte der 914 zum meist verkauften Sportwagen seiner Klasse. Das Vierzylinder-Modell gab sich mit Stahlrädern und VW-Radkappen zu erkennen.

Dreisitzer gedacht war. Um die vorhandenen Service-Einrichtungen zu nutzen, blieb es jedoch beim Radstand, der beim 914 nur um 50 mm verlängert wurde und noch zehn Jahre später das Maß beim Nachfolger EA 425, dem späteren 924, vorgeben sollte.

Mit Brief vom 5. Mai 1966 orderte Volkswagen die „Entwicklung eines Roadsters auf Basis unseres EA 142" (des späteren VW 411) und „Prinzipuntersuchungen für einen VW Roadster unter weitgehender Verwendung von VW-Teilen."

Die Wolfsburger Idee, den 1,3-Liter-Boxer des Käfers zu verbauen, war ebenfalls bald wieder vom Tisch. Stattdessen erhielt das Typ 4-Aggregat eine Aufwertung durch eine Bosch-Einspritzanlage, die außerdem ein besseres Abgasverhalten garantierte. Am 30. Januar 1967 erhielt der Typ 914 endgültig grünes Licht, am 7. März 1968 stellte der beauftrage Karosseriebauer Karmann den ersten Prototypen zur Verfügung. Im Vergleich zum zeitgleich im Entwicklungs-Stadium befindlichen Käfer-Epigonen EA 266 mit mittig angebrachtem Unterflurmotor ging es mit der Entwicklung des 914 zügig voran.

Dem Wunsch der Firma Porsche, den 914 als solchen vermarkten zu dürfen, erteilte VW eine Absage.

Längst waren sich Ferry Porsche und VW-Chef Heinrich Nordhoff per Handschlag einig geworden, das neue Modell als Gemeinschaftsprodukt mit Vorteilen für beide Seiten zu vermarkten. VW erhielt den benötigten Karmann-Ghia-Nachfolger, Porsche ein Modell unterhalb von 911 und 912, die Kosten blieben für beide Hersteller im Rahmen. Bei der bewährten Vorgehensweise – Konstruktion Porsche, Technik Volkswagen, Fertigung Karmann – schien nichts schiefgehen zu können.

Mit dem Tod Heinrich Nordhoffs im April 1968 änderte sich die Zusammenarbeit zwischen beiden Firmen nachhaltig. Nordhoffs Nachfolger Kutz Lotz, an keinerlei Handschläge gebunden, forderte von Porsche Geld für die auf VW-Rechnung produzierten Karosserien. Der Weg aus dem Dilemma war eine weitere Koproduktion, die als von beiden Seiten zu gleichen Teilen finanzierte VW-Porsche-Vertriebsgesellschaft (VG) GmbH mit Sitz in Ludwigsburg 1969 ins Leben gerufen wurde und für Marketing und Verkauf des 914 zuständig war.

Der Wunsch der Firma Porsche, den Sportwagen auch als solchen zu vermarkten, blieb unerfüllt. Der Neue erblickte kompromisslos als VW-Porsche 914 das Licht der Welt.

Die Präsentation des neuen Vierzylindermodells 914 fand im Frühjahr 1969 statt. Die Kombination aus Porsche-Knowhow und Volkswagen-Komponenten sorgte, wie einige Jahre später beim 924, für Erklärungsbedarf. VG-Pressechef Huschke von Hanstein musste darlegen, warum der VW mit dem Motor des biederen Typ 411 eben doch ein Porsche sei. Und er musste plausibel erklären, warum der VW-Porsche mit dem 110 PS starken Sechszylinder-Boxer des 911 noch viel mehr ein Porsche und eben kein Volkswagen sei.

Das wie bei Rennsport-Fahrzeugen mittig angeordnete Triebwerk, die Auslegung als Sicherheits-Cabriolet mit Targa-Bügel und die aus dem 911/912 bekannte Vorderachse verwiesen auf die Porsche-Herkunft. Inständig wies von Hanstein darauf hin, doch bitte nicht der Vereinfachung zu erliegen, den Neuen als „Volksporsche" zu titulieren oder am Ende die ganz und gar unziemliche, aus der anderen Hälfte Deutschlands bekannte Bezeichnung „Vopo" zu wählen.

Journalisten und Volksmund taten es trotzdem, natürlich. Und sie rieben sich an der für beide Hersteller untypischen, nahezu geometrischen Form aus der Feder des ehemaligen Porsche-Chefstylisten Heinrich Klie, der darüber hinaus die vertrauten runden Scheinwerfer fehlten. Tatsache war, dass die Klappscheinwerfer US-Bestimmungen erfüllten und dort die meisten Verkäufe erwartet wurden. Gleichzeitig bot die Karosserie mit ihrer klar strukturierten Trennung handfeste Vorteile.

Der Targa-Bügel sorgte für eine hohe Steifigkeit des Aufbaus, und wurde das Fassungsvolumen der beiden Kofferräume addiert, war Platz für 370 Liter (160 Liter vorn, 210 Liter hinten) Gepäck, vorzugsweise flach bauendes. Übrigens besaßen nur die ersten 50 VW-Porsche die eigentlich selbstverständliche, außenliegende Tanköffnung, die hohe Fertigungskosten mit sich brachte. Eigner späterer Fahrzeuge tankten fast schon altertümlich bei geöffneter Fronthaube und sorgten sich um Benzinspritzer auf Koffern und Taschen.

Eher psychologisch waren die Sorgen der Porsche-Kundschaft, die den geringen Abstand an erkennbarem Prestige zwischen der 11.954 DM teuren Variante mit dem wirtschaftlichen 80 PS starken 1,7-Liter-VW-Boxer und der Version mit 110-PS-Porsche-Motor aus dem 911 T zum Preis von stattlichen 19.980 Mark beklagte. Die Por-

Zum Modelljahr 1975 erfolgte der Wechsel von verchromten Stoßstangen zu Kunststoff-Stoßfängern, die Front mit Klappscheinwerfern beeinflusste die Form des späteren 924. Stahlsportfelgen waren Serie, Architekten leisteten sich optionale Leichtmetallräder.

MIT 100-PS-ZWEILITERMOTOR ERREICHTE DER 914 SPÄT SEINE MAXIMALE REIFE.

sche-Klienten hätten sich mehr Rangabzeichen gewünscht, zumal sich Fahrwerk, Bremsanlage und Antrieb prinzipiell nicht unterschieden.

Vorne saß die Porsche-Vorderachse mit Federbeinen, Querlenkern und querliegenden Drehstabfedern, hinten gab es Schräglenker an Schraubenfedern. Ab Werk trug der 914/4 Räder und Bremsen des VW 411, an der Hinterachse saßen speziell entwickelte Bremssättel mit integriertem Handbremsmechanismus. Ein Fünfganggetriebe galt als Auszeichnung und ernsthaftes Bekenntnis zum Sport, der 914/4 besaß es serienmäßig. Interne Unterlagen belegen, dass eine Zeitlang bei VW wie bei Porsche während der Entwicklungsphase der Einsatz eines Audi-Getriebes und einer Automatik favorisiert, dann aber wieder verworfen wurde.

Die Tachoskala des 914 reichte bis 200 km/h (914/6: 250 km/h), der Drehzahlmesser bis 7000/min (914/6: 8000/min), und ab Werk waren Stahlräder mit Radkappen montiert (914/6: geschmiedete Fuchs-Felgen). Und natürlich saß beim 914/4 das Zündschloss rechts vom Lenkrad, während der Porsche-VW das vom 911 übernommene Zündschloss links trug.

Schon 1972 stellte Porsche die Produktion des 914/6 nach nur 3338 Exemplaren ein; er saß zeitlebens zwischen den Stühlen.

Bestseller der frühen 70er

Viele Neukunden werteten die magere Serienausstattung ihres 914 mit dem optionalen S-Paket auf, das neben Doppeltonhorn und Lichthupe auch einen schwarzen Vinyl-Bezug für den ansonsten in Wagenfarbe lackierten Targa-Bügel mit einschloss. Erst zum Modelljahr 1971 wurden gegen Aufpreis 5,5 x 15 Zoll große Stahl- und Leichtmetallfelgen für den 914 angeboten, die den aus Magnesium gefertigten Mahle-Rädern des 914/6 sehr ähnlich sahen.

Aufgrund seines Preises, seiner Fahrleistungen und des Hersteller-Verweises „Porsche" (die 914-Vierzylinder kamen laut Typenschild als Volkswagen zur Welt) musste sich die Sechszylinder-Variante des VW-Porsche den Vergleich mit dem 911 T gefallen lassen. Beide waren einander näher, als es Porsche lieb sein konnte. Der 914/6 galt als zu teuer, weil zu stark mit dem 914/4 verwandt. Der 911 T 2.2 war nicht viel schneller, obwohl besser motorisiert als der Verwandte mit Mittelmotor.

1972 wurde dessen Fertigung nach 3 338 Exemplaren eingestellt, das Dilemma somit beendet. Der Ruf des 914/6, untermauert durch motorsportliche Erfolge auf der Langstrecke, färbte aber auch auf den schwächeren 914 ab. Obwohl Form und Technik polarisierten, entwickelte sich der 914 zu einem Bestseller.

13.312 Autos der C-Serie verkaufte die Vertriebsgesellschaft im Premierenjahr 1970, der Höhepunkt war 1973 mit der F-Serie und 27.660 verkauften 914/4 erreicht. Zu diesem Zeitpunkt erhielt der 914 mit dem Wechsel von Chrom- zu mattschwarzen Kunststoffstoßstangen und schwarzen Schriftzügen am Heck nicht nur sein umfangreichstes Facelift, sondern auch den auf 1971 cm³ und 100 PS gewachsenen Typ 4-Motor.

Damit erhielt der 914 auch den grenzenlos optimistischen und prestigeträchtigen 250 km/h-Tachometer des großen Bruders, ab dem Modelljahr 1974 schmückte der auch die neue 1,8-Liter-Version, die das 1,7-Liter-Triebwerk ersetzte. In Europa wurde das 85 PS starke, aus dem VW 412 übernommene Aggregat mit zwei Vergasern vom Typ Solex 40 PDSIT ausgerüstet, aufgrund schärferer Abgasbestimmungen trug die USA-Version mit 76 PS eine moderne L-Jetronic.

Der Verkaufserfolg des Vierzylinder-Modells sprach für sich: Kein anderer Sportwagen verkaufte sich Anfang der siebziger Jahre besser und kein anderer 914 erwies sich schließlich als derart ausgewogen wie der 914 2.0. Kaum schwächer als der 914/6, aber zu einem Preis von 14.990 DM um 5000 Mark billiger, bescherte der Zweiliter der Baureihe einen zweiten Frühling. Die dicken Kunststoff-Stoßstangen, die Fahrzeuge ab Modelljahr 1975 gemäß neuer US-Normen als Sicherheitsfeature erhielten, schmeichelten nicht der klaren Linie, hielten den VW-Porsche aber aktuell bis zu seinem Ableben. Die im Frühjahr auslaufende Fertigung des letzten Modelljahres 1976 ging komplett in die USA.

Drei mal Vierzylinder, immer VW. Die Motoren des 914 mit 1,7 und 1,8 Litern Hubraum stellte die Baureihe 411/412, zum Ende der 914-Laufbahn wuchs der Hubraum auf 2,0 Liter. Im nur ein Jahr lang produzierten 912 E (o. r.) kam das erste und einzige Mal ein ganz und gar serienmäßiges VW-Aggregat zum Einsatz. Mit 86 PS war der nur in den USA verkaufte 912 E sparsam motorisiert.

Anfang des Erfolgs: Bis zum Erscheinen des 911 sind Vierzylinder in Porsche-Straßenfahrzeugen des Maß der Dinge.

Insgesamt 118.978 VW-Porsche wurden bis 1975 gefertigt und von der gemeinsam von VW und Porsche gegründeten Vertriebsgesellschaft in Ludwigsburg verkauft. Der Firma Porsche bescherte der 914 bis dato unbekannte Stückzahlen, als Erfolg wurde der Gemeinschaftswagen dennoch lange nicht bewertet – zu sehr bestimmte VW-Technik das Bild, zu wenig wurde das Konzept eines Sportwagens mit Mittelmotor als Porsche wahrgenommen.

Als der 914 in die letzte Runde ging, begann die kurze Karriere des hastig wiederbelebten 912. Keiner von beiden war Mitte der siebziger Jahre technisch auf dem Stand der Dinge, aber sie mussten bis zum Erscheinen des neuen 924 auf dem US-Markt – der mit Frontmotor und Wasserkühlung eine Wende darstellte – die Zeit überbrücken, um auch ja keinen Käufer zu verlieren.

Der 912 E, interner Code: Typ 923, nahm eine Sonderstellung im Kreis der Porsche-Modelle mit Vierzylinder ein. Einerseits stellte er als Verbindung aus der Faltenbalg-Karosserie des 911-G-Modells und dem Vierzylinder eine vertraute Neuinterpretation des Themas 912 dar. Andererseits griff er als einziger 911-Verwandter ganz unverblümt auf VW-Antriebstechnik zurück. Die Verwendung eines Vierzylinders war immer noch ein probates Mittel, um den notwendigen Abstand bei Prestige und Leistung zum 911 herzustellen und einen geringen Basispreis zu rechtfertigen.

Bei dem Motor handelte es sich um das bekannte Zweiliter-Aggregat des 914, allerdings auf Normalbenzin eingestellt und auf 86 PS bei 4900/min gedrosselt. Zur niedrigen Verdichtung von 7,6 : 1 kamen Sekundärluftpumpe, Thermoreaktoren und Abgasrückführung hinzu. Statt der bisherigen D-Jetronic kam eine moderne L-Jetronic zum Einsatz. Bei den Fahrleistungen konnte der mit 1160 Kilogramm Leergewicht deutlich schwerere 912 E mit dem 914/4 2.0 nicht mithalten: mit 176 km/h Spitze und Beschleunigungswerten von 13,5 Sekunden von 0 auf 100 km/h war er deutlich langsamer als sein Vorgänger.

Was auf dem Heimatmarkt als unpassende Zwitterlösung empfunden worden wäre, erzielte in den USA einen Achtungserfolg und überbrückte erfolgreich die Wartezeit bis zur US-Version des 924. Zum Preis von 10.845 Dollar verkaufte Porsche 2099 Exemplare des 912 E. Die Zukunft gehörte aber dem 924.

Technische Daten

356 A 1600

Motor: luftgekühlter Boxermotor Typ 616/1
Zylinder: 4
Bohrung x Hub: 82,5 x 74 mm
Hubraum: 1582 cm³
Leistung: 60 PS bei 5200/min
Drehmoment: 111 Nm bei 2800/min
Verdichtung: 7,5:1
Gemischaufbereitung: zwei Solex PBIC Fallstromvergaser (ab 1957: 2 Zenith 32 NDIX Doppel-Fallstromvergaser)
Kraftübertragung: Hinterradantrieb
Getriebe: Vierganggetriebe Typ 644 (ab Sept. 1957: Typ 716)
Karosserie: Karosserie auf Stahlblech-Kastenrahmen
Fahrwerk: Einzelradaufhängung, Kurbellängslenker und querliegende Drehstabfedern mit Stabilisator (vorn), Pendelachse an Längslenkern und querliegende Drehstabfedern mit Stabilisator (hinten)
Bremsen: Trommeln
Radstand: 2100 mm
Spur: 1306 mm (vorn), 1272 mm (hinten)
L x B x H: 3950 x 1670 x 1310 mm
Räder und Reifen: 4,5 x 15" mit 5,60-15
Leergewicht: 860 kg (ab MJ 1959: 885 kg)
zul. Gesamtgewicht: 1200 kg (ab MJ 1959: 1250 kg)
Höchstgeschwindigkeit: 160 km/h
Beschleunigung 0-100 km/h: 16 sek
Tankinhalt: 50 Liter
Bauzeit: 1955 – 1959
Stückzahl: 7225

VW-Porsche 914/4

Motor: luftgekühlter 4-Takt-Boxermotor
Zylinder: 4
Bohrung x Hub: 90 x 66 mm / 93 x 66 mm / 94 x 71 mm
Hubraum: 1679 cm³ / 1795 cm³ / 1971 cm³
Leistung: 80 PS bei 4900/min / 85 bei 5000/min / 100 bei 5000/min
Drehmoment: 133 Nm bei 2700/min / 138 bei 3400/min / 157 bei 3500/min
Verdichtung: 8,2 : 1 / 8,6 : 1 / 8,0 : 1
Gemischaufbereitung: Bosch D-Jetronic / 2 Fallstromvergaser Solex 40 PDSIT / Bosch L-Jetronic
Kraftübertragung: Hinterradantrieb
Getriebe: Fünfganggetriebe
Karosserie: selbststragende Stahlblechkarosserie
Fahrwerk: Einzelradaufhängung, McPherson-Federbeine, Querlenker und querliegende Drehstabfedern mit Stabilisator auf Wunsch (vorn), Schräglenker und Schraubenfedern mit Stabilisator auf Wunsch (hinten)
Bremsen: Scheiben rundum
Radstand: 2450 mm
Spur: 1337 mm / 1343 mm / 1343 (vorn), 1374 mm / 1383 mm / 1383 mm (hinten)
L x B x H: 3985 x 1650 x 1230 mm
Räder und Reifen: 4,5 x 15" mit 155 SR 15, a. W. 5,5 x 15" mit 165 SR 15 / 5,5 x 15" mit 165 HR 15 / 5,5 x 15" mit 165 HR 15
Leergewicht: 950 kg / 950 kg / 950 kg, ab MJ 1975: 965 kg
zul. Gesamtgewicht: 1220 kg / 1220 kg/ 1220 kg
Höchstgeschwindigkeit: 175 km/h / 178 km/h / 190 km/h
Beschleunigung 0-100 km/h: 13 sek / 12 sek / 10,5 sek
Tankinhalt: 62 Liter
Bauzeit: 1969 – 1975
Stückzahl: 115.646 (1.7: 65.351 / 2.0: 32.522 /1.8: 17.773)

912

Motor: luftgekühlter ohv-Boxermotor Typ 616/36; vierfach gelagerte Kurbelwelle
Zylinder: 4
Bohrung x Hub: 82,5 x 74,0 mm
Hubraum: 1582 cm³
Leistung: 90 PS bei 5800/min
Drehmoment: 122 Nm bei 3500/min
Verdichtung: 9,3:1
Gemischaufbereitung: zwei Doppel-Fallstromvergaser Typ Solex 40 PJJ
Kraftübertragung: Hinterradantrieb
Getriebe: Vierganggetriebe Typ 902/0, a. W. Fünfganggetriebe Typ 902/1
Karosserie: selbsttragende Ganzstahlkarosserie
Fahrwerk: Einzelradaufhängung an Querlenkern, längs liegende Drehstabfedern (vorn), Schräglenker und quer liegende Drehstabfedern (hinten)
Bremsen: Scheibenbremsen rundum
Radstand: 2211 mm
L x B x H: 4163 x 1610 x 1320 mm
Räder und Reifen: 4,5 x 15" mit 6,95 H 15, a. W. 165 HR 15, ab MJ 1968 5,5 x 15" mit 165 HR 15
Leergewicht: 970 kg, ab MJ 1969: 950 kg
zul. Gesamtgewicht: 1290 kg, ab MJ 1969: 1300 kg
Höchstgeschwindigkeit: 185 km/h
Beschleunigung 0–100 km/h: 13,5 sek
Tankinhalt: 62 Liter
Bauzeit: 1965 – 1969
Stückzahl: 28.333 (Coupé), 2.562 (Targa)

912 E

Motor: luftgekühlter ohv-Boxermotor Typ 923/02
Zylinder: 4
Bohrung x Hub: 94 x 71 mm
Hubraum: 1972 cm³
Leistung: 90 PS bei 4900/min
Drehmoment: 127 Nm bei 4900/min
Verdichtung: 6 : 1
Gemischaufbereitung: Bosch L-Jetronic
Kraftübertragung: Hinterradantrieb
Getriebe: Fünfganggetriebe Typ 923/02
Karosserie: selbsttragende Ganzstahlkarosserie
Fahrwerk: Einzelradaufhängung an Querlenkern und Dämpferbeinen, längs liegende Drehstabfedern (vorn), Schräglenker und quer liegende Drehstabfedern (hinten)
Bremsen: Scheibenbremsen rundum
Radstand: 2271 mm
L x B x H: 4291 x 1610 x 1340 mm
Räder und Reifen: 5,5 x 15" mit 165 HR 15
Leergewicht: 1160 kg
zul. Gesamtgewicht: 1400 kg
Höchstgeschwindigkeit: 176 km/h
Beschleunigung 0–100 km/h: 13,5 sek
Tankinhalt: 80 Liter
Bauzeit: 1975/76
Stückzahl: 2099

Entwicklung
Zusammenspiel der Kräfte

Die Entwicklung des neuen Sportwagens mit VW- respektive mit Porsche-Logo fiel in die Zeit der größten personellen und technischen Veränderungen, die Volkswagen seit dem Beginn der Übernahme aus britischer Verwaltung im Jahr 1949 erlebt hatte. Mit dem Übergang zum Porsche 924 endete bei VW auch die Ära Heinrich Nordhoff, und es begann das Zeitalter von Frontmotor und Wasserkühlung.

Bis zum Start der Arbeiten am „Entwicklungsauftrag 425" galt das Diktat von Luftkühlung und Heckmotor, das die Firmen VW und Porsche aneinanderband. Mit den Erfolgen im Rennsport stellte Porsche Gültigkeit und Konkurrenzfähigkeit des in den sechziger Jahren immer mehr außer Mode geratenen Antriebskonzepts nach wie vor unter Beweis und lebte gleichzeitig als Entwickler von VW-Aufträgen, die es auf breiter Basis zum Nutzen einer großen Käuferschicht in die Zukunft führen sollten.

Zum letzten Mal gelang eine schlüssige Beweisführung mit der Vorstellung des VW-Porsche 914. Formal stand er für radikale Design-Moderne und die Abkehr vom Fünfziger-Jahre-Chic des Karmann-Ghia. Technisch lieferte er mit der Konstruktion als Mittelmotorwagen den Transfer von der Rennstrecke zur Großserie.

Parallel zur Entwicklung am neuen VW-Sportwagen und Porsche-Einsteigermodell arbeitete Porsche seit 1967 intensiv am jenem Projekt, dass die bekannte VW-DNA fit für die Moderne machen sollte: EA 266.

Den Auftrag zur Entwicklung eines Käfer-Erben hatte Porsche am 7. Februar 1967 erhalten. VW-Chef Heinrich Nordhoff, die Pensionierung im Jahr 1970 vor Augen, wollte sich als Garant für die Zukunft verabschieden. „Herr Prof. Nordhoff stellt sich vor, dass der neue Typ in ein bis eineinhalb Jahren in Serie gebaut werden sollte. Diese kurze Zeit ist aber in keiner Weise zu realisieren", lautete eine Protokoll-Notiz aus dessen Anfängen.

Ahne und Erbe? Der Käfer-Nachfolger EA 266 (r.) scheiterte daran, dass er nicht wirklich modern sein durfte. Gleichzeitig beeinflusste die Idee eines günstigen Porsche-Modells mit VW-Technik die Entwicklung des späteren 924.

Als in Stuttgart 924-Prototypen im Crashtest an die Wand gesetzt wurden, war die Transformation vom Volkswagen zum Porsche längst vollzogen. Es zeigte sich, dass das längs montierte Transaxle-Rohr eine stabilisierende Wirkung hatte.

Mit Klappscheinwerfern und Mittelmotor: Der Käfer-Nachfolger firmierte bei Porsche als Typ 1866, bzw. 1966. Ein kleiner Roadster auf Basis der VW-Entwicklungsarbeit war als mögliches Porsche-Derivat in Planung.

Viele Entwicklungsaufträge waren in den zwei Jahrzehnten zuvor von Wolfsburg nach Stuttgart weitergereicht worden, darunter seltsame Konstrukte wie der Typ 534 von 1952, ein buckliger, verkleinerter Porsche 356 auf gekürztem VW-Chassis, gedacht als kleiner VW-Sportwagen. Ihm folgte Typ 555, ein Viersitzer mit der Front des 356 und dem Heck des Käfers. Eigenständiger, mit selbsttragender Karosserie, jedoch nicht hübscher: der Typ 728. Mit Fließheck ein Schritt in Richtung VW Typ 3, allerdings in Stuttgart mit einem nur 0,9 Liter großen Motor und 26 bis 32 PS projektiert.

Zahllose geplante Käfer-Epigonen entstanden zur gleichen Zeit in Wolfsburg, schlüssig wirkte letztlich nur der VW-eigene Entwurf EA 158, ein auf Käfer-Größe verkleinerter VW 411. Es war Volkswagen ernst: Bei Audi hatten die Ingenieure bereits untersucht, ob ein wassergekühlter Frontmotor in den Bug von EA 158 passte.

Neue Entwicklungen – alles war erlaubt

Alles begann bei null, als Chef Nordhoff den Neuanfang, den Entwicklungsauftrag 266, verkündete. Preis unter 5000 Mark, Platz für vier bis fünf Personen, Zuladung 450 Kilogramm, lauteten die wichtigsten Punkte des Lastenhefts. „Ein technisches Konzept ist in keiner Weise festgelegt. Der Konstrukteur soll selbst entscheiden, welches Konstruktionsprinzip (Front-, Heck- oder konventioneller Antrieb) für diesen Wagen die richtigen Merkmale sind. Die Merkmale, die heute am Typ 1 schlecht beurteilt werden, sind: zu wenig Innenraumbreite, zu wenig und schlecht zugänglicher Kofferraum, Form nicht mehr nach dem neuesten Geschmack."

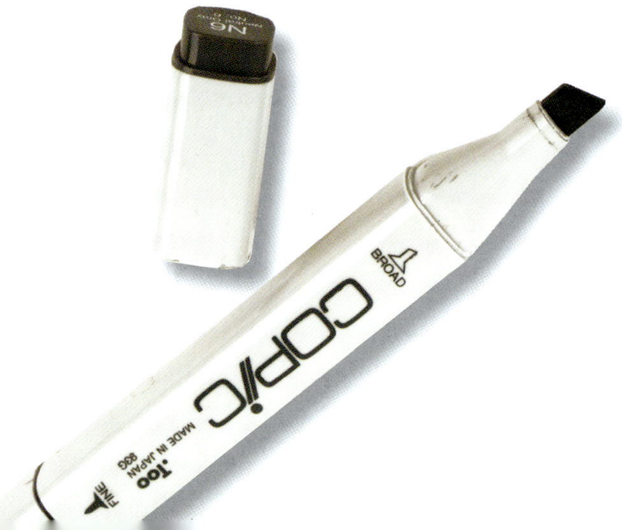

Eine komplette Modell-Familie schien denkbar, als die Arbeiten an EA 266 (o.) voranschritten. Spannendste Spielart war der Kleinbus mit dem Arbeitstitel „Taxi", der bis zu acht Personen Platz bieten sollte.

Schräglage, außen wie innen. Der kurze Radstand und viel Gewicht im Heck, trotz Unterflurbauweise, waren Käfer-Besitzern und Porsche-Testfahrern bekannt, dennoch forderten schnelle Testrunden im Typ 1966 den ganzen Mann.

Theoretisch war alles anders. Weder war der Typ-1-Nachfolger als „Weltauto" geplant, VW wollte den durchaus lukrativen Käfer parallel weiterproduzieren, noch wurde eine Lösung mit Frontantrieb ausgeschlossen! Laut wurde über einen quergestellten, luftgekühlten Dreizylinder-Reihenmotor mit obenliegender Nockenwelle und Zahnriemenantrieb nachgedacht. Hubraum etwa ein Liter, Leistung 50 bis 60 PS. Gleichzeitig war aber auch die Lösung mit einem Motor-Getriebeblock im Heck möglich – wie scheinbar überhaupt alles.

Im Frühjahr 1967 begannen unter Entwicklungs-Chef Ferdinand Piëch die Arbeiten, noch listeten die Porsche-Bücher den Entwicklungsauftrag unter der Doppelbezeichnung 1866/EA 235. Erst im März 1968 erhielt das Projekt bei Porsche das Kürzel EA 266.

Zwei Richtungen wurden verfolgt. Zum ersten Mal besaß ein Fahrzeug aus Wolfsburg in Form von EA 235 einen wassergekühlten Reihenvierzylinder-Frontmotor. Bei einem Hubraum von 1198 cm³ leistete das Triebwerk 45 PS bei 4500/min, die Spitze lag bei 125 km/h. Nach dem in dieser Fahrzeug-Klasse einmaligen Transaxle-Prinzip war das Vierganggetriebe an der Hinterachse angeordnet, die Federung übernahmen Drehstäbe und Längslenker, eine Vorderachse mit McPherson-Federbeinen kam zum Zuge.

Als Versuchsträger für Aggregat-Entwicklungen wurden Karosserien des Opel Kadett verwendet. Als Dreitürer mit Heckklappe kam der noch 1967 realisierte EA 235 formal dem späteren EA 266 bereits sehr nahe – und gab mit Fahrwerks-Layout und Transaxle-Bauweise einen Ausblick auf den späteren 924.

Sieben Prototypen mit unterschiedlicher Motorisierung und Innenausstattung drehten in Weissach ihre Runden. Triebwerke mit 1,3 und 1,6 Litern Hubraum erhielten den Zuschlag, die Gestaltung der Frontpartie entsprach dem letzten Stand des Exterior-Designs.

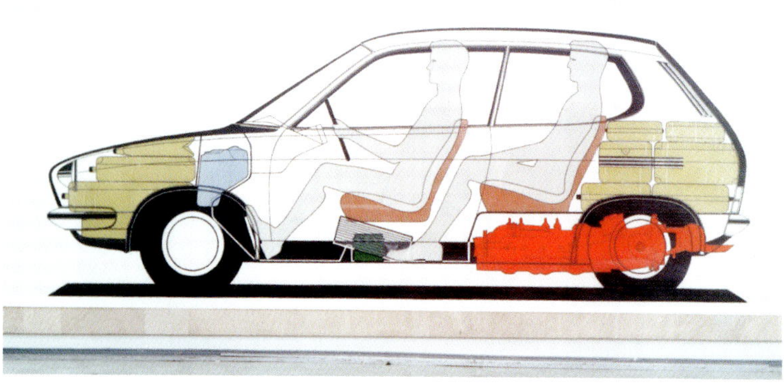

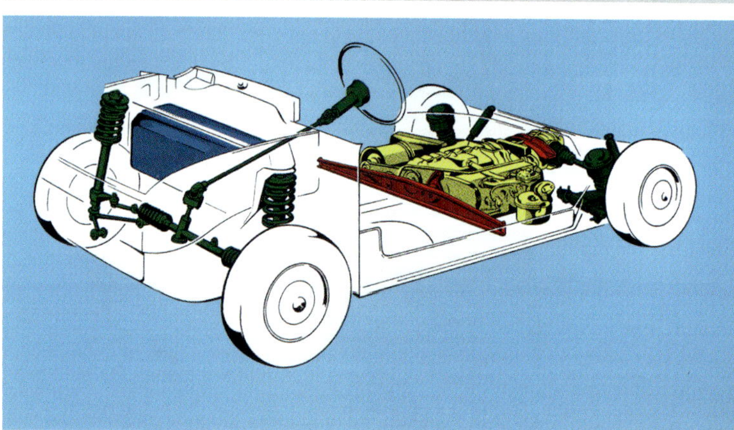

Die Skizzen veranschaulichen das Konzept des unten liegenden Mittelmotors. Daraus ergab sich ein Package mit zwei Kofferräumen und einer erhöhten Sitzposition für die Fondpassagiere. Batterie und Ersatzrad fanden sich beim EA 266 unter den Vordersitzen.

1866 respektive EA 266 kennzeichnete eine Mittelmotor-Lösung. Einzelradaufhängung, vorne mit Querlenkern und Federbeinen, hinten mit Längslenkern an Drehstäben, und Scheibenbremsen rundum wurden realisiert und, wo der zu beerbende Käfer eine Monokultur darstellte, sollte eine ganze Mittelmotor-Modellfamilie nachrücken.

Parallel zum Zweitürer entstanden im Studio L bei Porsche im Maßstab 1:5 Modelle für eine Variante mit vier Türen, ein Coupé sowie einen kompakt bauenden Roadster, dem VW-Porsche sehr ähnlich. Ein Kleinbus mit dem Arbeitstitel „Taxi" mit Platz für bis zu acht Personen gehörte ebenfalls dazu.

Bei Porsche wurde im Juni 1968 aus dem Typ 1866 das Projekt 1966, bei dessen Karosserieentwurf nun geringes Gewicht im Mittelpunkt stand. 700 Kilogramm waren für den Dreitürer angepeilt, 695 Kilogramm für den Roadster und 780 Kilogramm für den Kleinbus.

Mit dem Konzept „Hecktriebwerk Motor längs vor Mitte Hinterachse unter Hintersitzbank" hatte der Antrieb in „überlegener" Unterflurbauweise des 1866/70-Prototypen gesiegt, der aber zumindest zur restlichen VW-Modellpalette passte und diverse Porsche-Derivate denkbar machte. Die Nähe zu VW-Porsche 914 und 917 fand sich lobend in der Konstruktions-Beschreibung wieder: „Diese Bauweise garantiert die mit Abstand besten Lastverteilungen auf die Vorder- und Hinterachse in allen denkbaren Belastungszuständen. Nicht umsonst haben die modernen Sport- und Rennwagen die gleiche Triebwerksanordnung." Auch Porsche hatte ein Interesse daran, dass Projekt 1966 Wirklichkeit wurde.

Bauartbedingte Nachteile wie die erhöhte Sitzposition der Fond-Passagiere und der unzugängliche Motor wurden umgedeutet: Die Insassen auf der Rücksitzbank verfügten über ein verbessertes Sichtfeld, fühlten sich durch Kopfstützen nicht so eingeengt, und der verborgen arbeitende Motor sorgte für niedrige Innen- und Außengeräusche. Wie beim VW Variant sollten Motor und Nebenaggregate durch einen großen Deckel im hinteren Kofferraum oder unter den hinteren Sitzen zu erreichen sein.

Verschiedene Hubraumgrößen zwischen 1,0 und 1,6 Liter wurden ebenso durchgespielt wie die Anordnung der Ventile in V-Form und parallel stehend, wobei letztere Lösung mit den Ventilen in einer Reihe den Zuschlag erhielt. In zwei Größen wurde der wassergekühlte ohc-Vierzylinder schließlich realisiert: als 1,3-Liter mit 65 PS bei 5500/min sowie als 1,6-Liter mit 80 PS bei 5500/min und mit 105 PS bei 6200/min.

Während die beiden schwächeren Vergaser-Varianten mit Normalbenzin auskamen, brauchte der dank Bosch-Jetronic-Einspritzung 105 PS starke 1,6-Liter Super-Benzin. Erprobungen in Afrika waren durchgeführt und viele Millionen Mark in Forschung, Entwicklung und Werkzeuge investiert worden. Es konnte losgehen.

Das Ende der Ära Heinrich Nordhoff

Mit dem Tod Heinrich Nordhoffs im April 1968 änderte sich alles. Der größte Befürworter des Heckmotor-Konzepts lebte nicht mehr, mit dem schweren Erbe kämpfte nun sein Nachfolger, der ehemalige Lohnbuchhalter und Vize-Vorstand Kurt Lotz.

Schon im Oktober 1971 löste Audi-NSU-Chef Rudolf Leiding den glücklosen Vorgänger ab. Mit modern konzipierten Modellen hatte Leiding Audi zum Erfolg geführt, und mit der Übernahme von NSU und dem Verkauf des dort entwickelten K70 mit Wasserkühlung, Frontmotor, Frontantrieb und überdurchschnittlichem Raumangebot als Volkswagen-Mittelklasse katapultierte sich VW mit einem Schlag in die Neuzeit.

Unter Rudolf Leidung wurde EA 337, das seit 1970 parallel entwickelte und später als Golf in Serie gehende Kompakt-Modell, zum alleinigen Käfer-Erben ernannt, die Arbeiten daran forciert. EA 266 erhielt das Todesurteil. Ein Verlust

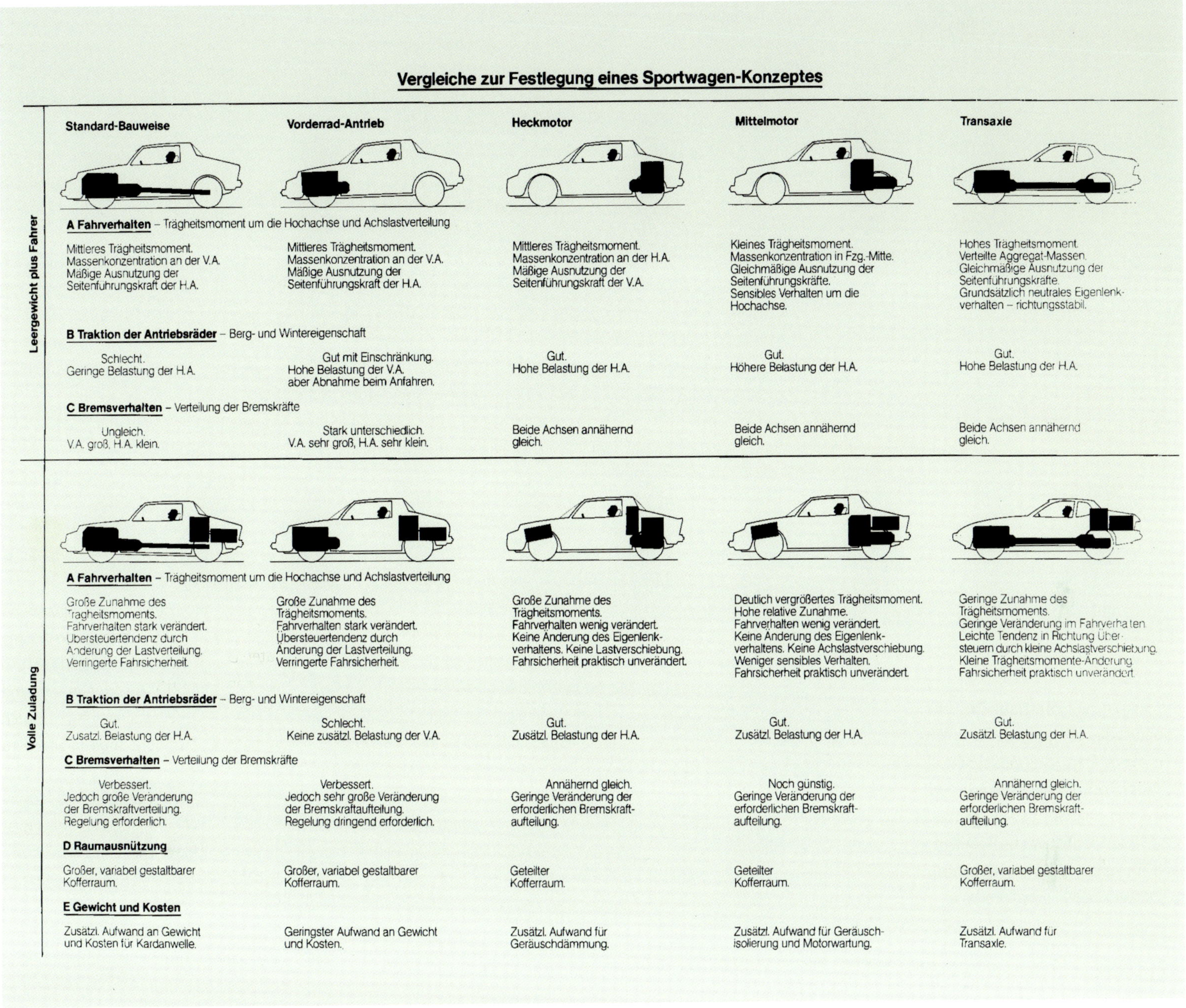

Vergleiche zur Festlegung eines Sportwagen-Konzeptes

	Standard-Bauweise	Vorderrad-Antrieb	Heckmotor	Mittelmotor	Transaxle
Leergewicht plus Fahrer					
A Fahrverhalten – Trägheitsmoment um die Hochachse und Achslastverteilung	Mittleres Trägheitsmoment. Massenkonzentration an der V.A. Mäßige Ausnutzung der Seitenführungskraft der H.A.	Mittleres Trägheitsmoment. Massenkonzentration an der V.A. Mäßige Ausnutzung der Seitenführungskraft der H.A.	Mittleres Trägheitsmoment. Massenkonzentration an der H.A. Mäßige Ausnutzung der Seitenführungskraft der V.A.	Kleines Trägheitsmoment. Massenkonzentration in Fzg.-Mitte. Gleichmäßige Ausnutzung der Seitenführungskräfte. Sensibles Verhalten um die Hochachse.	Hohes Trägheitsmoment. Verteilte Aggregat-Massen. Gleichmäßige Ausnutzung der Seitenführungskräfte. Grundsätzlich neutrales Eigenlenkverhalten – richtungsstabil.
B Traktion der Antriebsräder – Berg- und Wintereigenschaft	Schlecht. Geringe Belastung der H.A.	Gut mit Einschränkung. Hohe Belastung der V.A. aber Abnahme beim Anfahren.	Gut. Hohe Belastung der H.A.	Gut. Höhere Belastung der H.A.	Gut. Hohe Belastung der H.A.
C Bremsverhalten – Verteilung der Bremskräfte	Ungleich. V.A. groß, H.A. klein.	Stark unterschiedlich. V.A. sehr groß, H.A. sehr klein.	Beide Achsen annähernd gleich.	Beide Achsen annähernd gleich.	Beide Achsen annähernd gleich.
Volle Zuladung					
A Fahrverhalten – Trägheitsmoment um die Hochachse und Achslastverteilung	Große Zunahme des Trägheitsmoments. Fahrverhalten stark verändert. Übersteuertendenz durch Änderung der Lastverteilung. Verringerte Fahrsicherheit.	Große Zunahme des Trägheitsmoments. Fahrverhalten stark verändert. Übersteuertendenz durch Änderung der Lastverteilung. Verringerte Fahrsicherheit.	Große Zunahme des Trägheitsmoments. Fahrverhalten wenig verändert. Keine Änderung des Eigenlenkverhaltens. Keine Lastverschiebung. Fahrsicherheit praktisch unverändert.	Deutlich vergrößertes Trägheitsmoment. Hohe relative Zunahme. Fahrverhalten wenig verändert. Keine Änderung des Eigenlenkverhaltens. Keine Achslastverschiebung. Weniger sensibles Verhalten. Fahrsicherheit praktisch unverändert.	Geringe Zunahme des Trägheitsmoments. Geringe Veränderung im Fahrverhalten. Leichte Tendenz in Richtung Übersteuern durch kleine Achslastverschiebung. Kleine Trägheitsmomente-Änderung. Fahrsicherheit praktisch unverändert.
B Traktion der Antriebsräder – Berg- und Wintereigenschaft	Gut. Zusätzl. Belastung der H.A.	Schlecht. Keine zusätzl. Belastung der V.A.	Gut. Zusätzl. Belastung der H.A.	Gut. Zusätzl. Belastung der H.A.	Gut. Zusätzl. Belastung der H.A.
C Bremsverhalten – Verteilung der Bremskräfte	Verbessert. Jedoch große Veränderung der Bremskraftverteilung. Regelung erforderlich.	Verbessert. Jedoch sehr große Veränderung der Bremskraftaufteilung. Regelung dringend erforderlich.	Annähernd gleich. Geringe Veränderung der erforderlichen Bremskraftaufteilung.	Noch günstig. Geringe Veränderung der erforderlichen Bremskraftaufteilung.	Annähernd gleich. Geringe Veränderung der erforderlichen Bremskraftaufteilung.
D Raumausnützung	Großer, variabel gestaltbarer Kofferraum.	Großer, variabel gestaltbarer Kofferraum.	Geteilter Kofferraum.	Geteilter Kofferraum.	Großer, variabel gestaltbarer Kofferraum.
E Gewicht und Kosten	Zusätzl. Aufwand an Gewicht und Kosten für Kardanwelle.	Geringster Aufwand an Gewicht und Kosten.	Zusätzl. Aufwand für Geräuschdämmung.	Zusätzl. Aufwand für Geräuschisolierung und Motorwartung.	Zusätzl. Aufwand für Transaxle.

in Höhe von 100 Millionen Mark an Entwicklungs-Kosten und 80 Millionen für die erteilten Werkzeugaufträge war die verheerende Bilanz des Irrwegs. Von den Ketten zweier Leopard-Panzer wurden große Teile der Testflotte, aber nicht alle Prototypen, zermalmt.

Die Idee eines wiederum bei Porsche entwickelten Sportwagens mit VW-Emblem, aus so vielen originären VW- und Audi-Teilen wie möglich bestehend, schien das Gebot der Stunde, um kostengünstige Fertigung zu gewährleisten. Keine vier Monate nach Amtsübernahme durch Rudolf Leiding ging der Entwicklungsauftrag 425 am 21. Februar 1972 offiziell von Wolfsburg nach Weissach, wo das Projekt die Typen-Nummer 1962 erhielt.

Trotz oder eventuell auch wegen der Erfahrungen mit EA 266 war die Idee eines Sportwagens mit Mittelmotor noch nicht vom Tisch. Ergebnisoffen war die Entwicklung eines Nachfolgers des Typs 47/3 (914/4) vorgesehen, „mit Achsen und Bedienelementen aus VW-Produktion, Motor und Getriebe von Audi 100“.

Die Entwicklungsarbeiten bei Porsche intern gingen in eine ganz andere Richtung. Wenige Monate zuvor hatten unter der Leitung von Entwicklungsvorstand

ANHAND EINER GRAFIK ERKLÄRTE PORSCHE DIE VORTEILE DER TRANSAXLE-KONSTRUKTION.

Helmuth Bott die Arbeiten an einem neuen Modell begonnen, das neue Käufergruppen erschließen und langfristig auch den scheinbar ausgereizten Elfer beerben sollte. Im Herbst 1971 fiel nach zweijähriger Versuchs-Phase mit Frontmotor-Fahrzeugen schließlich die (keinesfalls unumstrittene) Entscheidung für die Entwicklung eines großen Coupés, das über 2+2 Sitzplätze sowie einen wassergekühlten V8-Motor von ungefähr fünf Litern Hubraum verfügen sollte.

Sämtliche gängigen Möglichkeiten spielte Porsche bei der Findung des optimalen Antriebskonzepts für EA 425 noch einmal durch: Standard-Bauweise mit Motor vorn und Antrieb hinten, Mittel- oder Heckmotor und Heckantrieb sowie Frontmotor und Vorderradantrieb. Letztendlich wurde das Transaxle-Konzept favorisiert, wie es ähnlich auch die Firma Lancia oder Alfa Romeo in seinen Alfetta-Versionen einsetzte. Mit dem Motor vorne, einer Antriebswelle sowie dem hinter der Antriebsachse platzierten Getriebe sorgte diese Bauweise für günstige Gewichtsverteilung, gute Traktion an den Hinterrädern und einen gut nutzbaren Kofferraum.

DER SPORTWAGEN TYP C SOLL ALS 2+2-SITZIGES FAHRZEUG IN ZWEI VERSIONEN ANGEBOTEN WERDEN.

Die Auswahl der dabei geprüften Triebwerke bildete nahezu das gesamte Spektrum des VW-Konzerns ab, Audi und NSU inklusive. Es gab Studien mit dem Motor für Audi Super 90 und Audi 100, und daneben wurde die Verwendung des aus dem 914/4 und VW 411/412 bekannten Typ-4-Motors, des Audi-80/VW-Passat-Aggregats und gar des Wankel-Triebwerks aus dem Ro 80 geprüft.

Elf mögliche Versionen des 914-Nachfolgers, zehn davon mit Mittel- respektive Heckmotor, entstanden auf dem Reißbrett – und das Rennen machte Variante J mit 2300 mm Radstand, 1,9-Liter-Motor und Viergangschaltgetriebe oder Dreigangautomatik des Audi 100 in Transaxle-Anordnung. „Der Sportwagen Typ C soll als 2+2-sitziges Fahrzeug in zwei Versionen angeboten werden. Als Einsatztermin für die Version I (100 PS) und II (125 PS) ist der 01.10.1975 vorgesehen", hieß es im vorläufigen „Zielkatalog" vom 27. März 1972.

Die Modellplanung sah ein Coupé mit herausnehmbarem Dach (als M-Ausstattung), eine klappbare Heckscheibe, je eine Ausführung in Normalausstattung (N), mit Luxuspaket (L) und in Sportausstattung (S) vor, sowohl als Links- wie als Rechtslenker. „Vorläufige Verkaufsbezeichnung: liegt noch nicht vor." Für das erste

Der erste fahrbereite EA 425-Prototyp, V1 genannt, steckte im Kleid eines BMW 2002 mit kraftvoll ausgestellten Kotflügeln und hinten montiertem Vierganggetriebe.

Opel Manta statt BMW 2002. In V2 und V3 kam eine leistungsgesteigerte Variante des EA 831-Vierzylinders mit Einspritzanlage zum Einsatz

Ein kurzer Schaltknüppel, fast wie später beim 924 (u. l.).

Im frühen V1-Prototypen arbeitete eine Vergaser-Version des EA 831-VW-Audi-Motors.

Verkaufsjahr ergab die Volumenschätzung eine Anzahl von 15.000 Fahrzeugen, für 1978 wurde von 41.000 Einheiten ausgegangen.
Schon zwei Monate später stand ein Versuchsträger auf eigenen Rädern, allerdings noch im Tarnkleid eines BMW 2002: der erste fahrbereite Prototyp des EA 425, genannt V1 (1. Versuchswagen). Nun profitierte der neue Entwicklungsauftrag von den Erfahrungen mit dem in alle Richtungen erdachten EA 266 sowie Porsche-eigener Forschung in Sachen eines potenziellen Nachfolgers des 911.

Nach dem Grundlayout des Typs „928“ bestückten die Entwickler den „914N“ (N wie Nachfolger) getauften BMW 2002. In der Karosserie der kompakten Limousine arbeitete, ganz nach Vorgaben des Lastenhefts, in erster Linie modifizierte Audi-Technik, die später in der Serie mit der größtmöglichen Zahl von VW-Komponenten eine sportliche Mischung ergeben sollte.

Vom Motor führte eine Welle zu dem an der Hinterachse montierten Viergang-getriebe. „Für die Porsche-Techniker war dies keine ungewohnte Arbeit, wenn man bedenkt, dass der erste Porsche-Sportwagen 356 auf der Basis von Großserienteilen des Volkswagens aufgebaut war“, erklärte Projekt-Vater Paul Hensler, seit 1971 Chef der Versuchs-Abteilung, Jahre später anlässlich der Präsentation des neuen Porsche.

Audi-Triebwerke für den VW-Sportwagen

Im internen Vergleich mit dem veralteten, wenig drehfreudigen VW-Typ 4-Triebwerk und dem drehmomentschwachen, durstigen Wankelmotor machte die Audi-Maschine als das am ehesten geeignete Antriebsaggregat das Rennen. 95 PS leistete anfangs der weiterentwickelte und auf zwei Liter Hubraum gewachsene Audi-Vierzylinder mit der Typen-Nummer EA 831. Dabei handelte es sich um einen modernisierten Ableger jenes „Mitteldruck-Motors“, der 1965 im ersten Nachkriegs-Audi debütiert hatte – und der als hoch verdichteter „Vielstoffmotor“ in seinem Ursprung eine Daimler-Benz-Konstruktion für die neu zu bildende Bundeswehr aus den fünfziger Jahren war.

Aus dem Vergleich mit dem alten Typ-4-Vierzylinder und dem Wankel-Triebwerk des NSU Ro 80 ging der Audi-Motor als Sieger hervor. Porsche entwickelte ihn für den 924 weiter ...

Im Gegensatz zum Mitteldruck-Motor mit seitlicher Nockenwelle und Stoßstangenantrieb besaß der EA 831 nun einen Querstromkopf mit oben liegenden Ventilen und, für Porsche eine Novität, Zahnriemen. Als Porsche mit dem Reihenvierzylinder in die Testphase einstieg, waren sowohl der EA 831 wie auch der originär bei VW entworfene EA 827, der ab 1972/73 im neuen Audi 80 B1 und VW Passat mit Hubräumen zwischen 1,3 und 1,6 Liter zum Einsatz kam, in der finalen Entwicklungsphase.
Porsche entwickelte den 1984 cm³ großen Vierzylinder in Eigenregie weiter. Größere Lager, eine geschmiedete Kurbelwelle und eine tiefere Ölwanne aus Aluguss mit großen Kühlrippen waren Porsche-Eigenheiten. Der Leistungssprung von 30 PS resultierte aus der Kombination von neuem Leichtmetallzylinderkopf, erhöhter Verdichtung von 9,3:1, der Verwendung einer Einspritzung vom Typ K-Jetronic sowie einer geänderten Abgasanlage. 125 PS bei 5800/min lieferte der längs installierte Reihenvierzylinder später in der Serie, das maximale Drehmoment von 165 Nm war bei 3500/min erreicht.

Damit war der wassergekühlte, 135 Kilogramm schwere Zweiliter-Vierzylinder annähernd so stark wie der erste Sechszylinder-Boxer des 911 von 1965 mit 130 PS und dem 100 PS starken Vorgänger 914 deutlich überlegen.

Bis zum Erscheinen des auf dem EA 827 basierenden Audi-Fünfzylinders, einer Konstruktion, bei der VW-Entwicklungschef Ferdinand Piëch seine Erfahrungen in der Entwicklung des OM 617, eines Dieselmotors mit fünf Zylinder, in Daimler-Benz-Diensten einbrachte, sollte der EA 831 mit zwei Litern Hubraum und 115 PS das obere Ende der VW-Audi-NSU-Motorenpalette markieren. Parallel dazu lief die Entwicklung des auf dem EA 827 basierenden EA 828-Benzinmotors mit fünf Zylindern und 2,1 Litern Hubraum.

1978 ersetzte dieser ebenfalls 115 PS starke Fünfzylinder im Audi den EA 831-Vierzylinder. Der sollte fortan nur noch im Porsche 924, im VW LT (Lasten-Transporter), dem oberhalb des Busses platzierten Nutzfahrzeug im Wolfsburger Modell-Pro-

 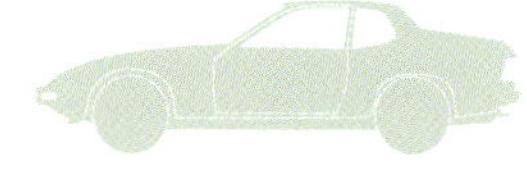  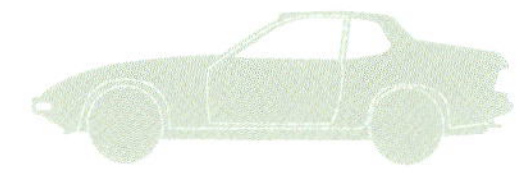 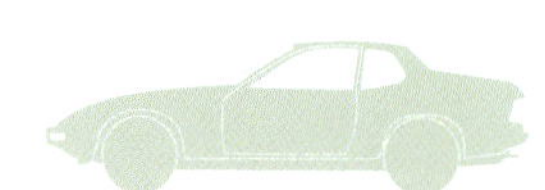

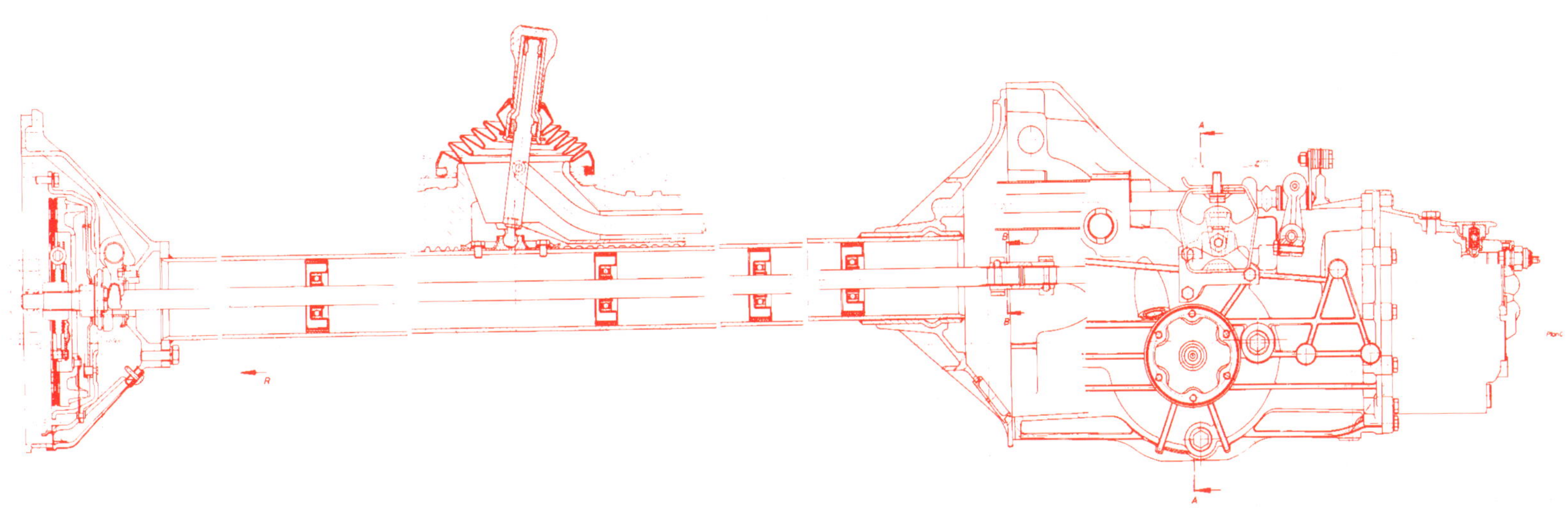

gramm, mit 75 PS und als 105 PS starkes Fremdfabrikat in den Modellen Gremlin, Concord und Spirit des US-amerikanischen Herstellers AMC zum Einsatz kommen.

Dem auf 1982 terminierten Fertigungsstopp des EA 831 begegnete Porsche mit Vorratshaltung, so dass bis zum Übergang zum 924 S im Jahr 1985 ausreichend Rumpfmotoren für den 924 und den darauf basierenden 924 Turbo bereitlagen.

Frontmotor und Transaxle-Technik

Mit 95 PS ging der BMW-Versuchsträger im Oktober 1972 in den Testbetrieb. Im zweiten Entwicklungsschritt kamen zwei Opel Manta A zum Einsatz, die an der Seite eines 928-Prototypen in der Wüste Algeriens langwierigen Fahrversuchen unter Extrem-Bedingungen unterzogen wurden.

Ebenfalls äußerlich kaum verändert, zeigten sich V2 und V3 unter dem Blech bereits deutlich weiterentwickelt. An der Vorderachse verrichteten nun erstmals McPherson-Federbeine ihren Dienst, im Heck arbeitete eine dem VW 1303 entliehene Drehstab-gefederte Schräglenker-Hinterachse. Ebenso aus dem Konzern-Baukasten kam die Bremsanlage. Scheibenbremsen an der Hinterachse, im Programmpapier mit Bremssätteln vom Typ 914 oder EA 266 als mögliche Variante vermerkt, sollten erst Mitte der achtziger Jahre Einzug halten.

Die für die neue Generation von Porsche-Sportwagen so charakteristische Transaxle-Einheit entsprach bereits weitgehend dem späteren Serienzustand. Der einschließlich Kupplung über der Vorderachse liegende Motor war mit dem Getriebe durch ein fast zwei Meter langes, starres Tragrohr verbunden, in dem die vierfach gelagerte, nur 20 Millimeter dünne, drehelastische Antriebswelle lief. 20 Kilo wog die 1702 Millimeter lange Welle, hergestellt aus demselben Stahl wie die verwendeten Drehfederstäbe. Um die Kosten niedrig zu halten, blieb es bei dem im VW-Werk Baunatal gefertigten, in großen Teilen neu konstruierten Audi-100-Vierganggetriebe, dessen große, aber nichtsdestoweniger nutzlose Kupplungsglocke Platz im Heck kostete.

Alles in allem überzeugten die Vorteile des neuen Transaxle-Systems. Die Auslegung mit Motor vorne und Getriebe hinten sorgte für nahezu optimale Gewichtsverteilung von 48 zu 52 Prozent. Das zentrale Tragrohr diente als Hal-

Die charakteristische Transaxle-Technik mit starrem Tragrohr und vierfach gelagerter Welle erprobte Porsche in zwei modifizierten Opel Manta A. Zum Fahrprogramm von V2 und V3 gehörten auch Testfahrten in den winterlichen Bergen.

Wie könnte er aussehen, der 914-Nachfolger aus Wolfsburg von 1975? Eine flache Front, ein ausreichend großer Gepäckraum und Heckklappe galten als gesetzt.

terung für Schaltknüppel und Schaltgestänge und im Falle eines Unfalls als stützendes Element, das Kollisionskräfte aufnimmt und je nach Unfall-Art auf Heck oder Front verteilt.

Um eine Sportwagen-typisch niedrige Front zu ermöglichen, musste der Motor um 40 Grad in Richtung der Beifahrerseite geneigt werden. Die größte Aufgabe der Designer bestand aber schließlich darin, ein neues Design für ein völlig neues Fahrzeug zu entwickeln – für ein Auto, dass bei VW bis dahin formal ohne Vorbild war.

Team 924, Designer und Modelleure. Richard Soderberg, Reinhold Schreiber, Ernst Bott, Harm Lagaay, Eberhard Brose, Siegfried Nothacker und Hans Braun (v. l.). Der Niederländer Lagaay gab die große Linie vor.

Design – Der große Entwurf

Die Vorgaben für die Designer waren eindeutig, aber nicht einfach: eine flache, auf eine Kühler-Maske verzichtende Front sollte die Brücke zum Vorgänger 914 schlagen und Verwandtschaft zur noch immer in Produktion befindlichen Heckmotor-Verwandtschaft signalisieren. Das Gesamtbild musste zeitlos und modern, durfte aber auch nicht modisch sein. Im Gegensatz zum kantigen VW Scirocco, der ebenfalls noch im Werden war, sollte ein rundlich, organisch geformter 924 eine Linie zu 356 und 911 ziehen sowie als kleiner Bruder des großen, noch in der Entwicklung befindlichen 928 zu erkennen sein. Außerdem galten zwei Notsitze und ein ausreichend dimensionierter Gepäckraum im „Package" als gesetzt.

Ein Design in Porsche-Tradition war das eine. Dass im VW-Auftrag ein Sportwagen auf einem weißen Blatt Papier mit allen gestalterischen Freiheiten entstehen durfte, das andere.

Der 1973 vorgestellte Entwurf des seit 1970 im Porsche-Design beschäftigten Autodidakten Harm Lagaay – der 1989 schließlich dem zwei Jahrzehnte als Porsche-Designchef amtierenden Anatole Lapine nachfolgte und somit auch für die letzten Frontmotor-Porsche vom Typ 968 verantwortlich zeichnete – bot die beste Grundlage für die Entwicklung eines neuen, eigenständigen Designs für einen neuen, ganz anderen Sportwagen mit VW-Logo.

Viele Details passten schon, aber die endgültige Form des Porsche-Einsteigermodells stand noch nicht fest. Zwar trugen die ersten Entwürfe bereits Klappscheinwerfer, aber noch war eine einfache Heckklappe vorgesehen. Im Maßstab 1:1 wurde das Design weiterentwickelt. Zur langen grilllosen Front, einem von 356 und 911 übernommenen Porsche-Erkennungsmerkmal, trug die 924-Vorstufe breite Hüften mit Lüftungsschlitzen in den Flanken. Die oberhalb der Gürtellinie verlaufende Sicke, die der Karosserie Kontur gab, hatte noch nicht das Heck erreicht, die hinteren Seitenfenster fielen kleiner aus, und der schwarze Stoßfängereinsatz, später in der Serie in Wagenfarbe lackiert, wirkte ungewohnt.

Das Ton-Modell im Maßstab 1:4 (l.) war noch deutlich vom Design italienischer Traumwagen beeinflusst. Die spätere Ausführung des EA 425 mit VW-Emblem und WOB-Kennzeichen trug schon die typische Frontpartie des späteren 924.

Viersitzige Fastback-Limousine, zweitüriges Coupé oder Targa-Ausführung mit Stufenheck, Stand 1977? An Design-Vorschlägen zum 924 mangelte es nie. Das noch im Werden befindliche Coupé erhielt schon früh die umlaufende Karosserie-Kante.

DER 1973 VORGESTELLTE ENTWURF HARM LAGAAYS ERWIES SICH ALS SO TRAGFÄHIG, DASS DIE GRUNDLINIE BIS ZUM 968 ERHALTEN BLIEB.

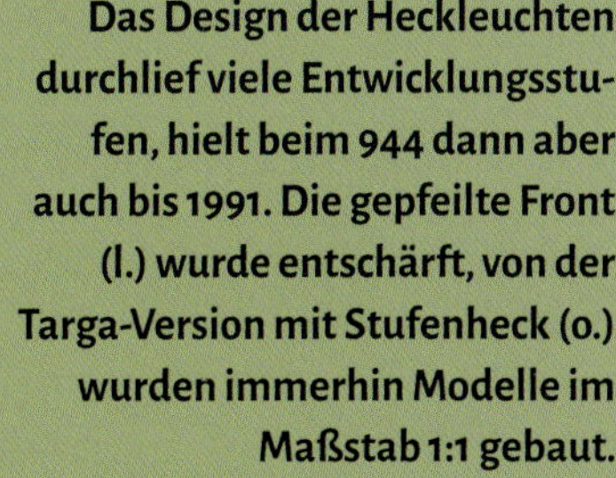

Das Design der Heckleuchten durchlief viele Entwicklungsstufen, hielt beim 944 dann aber auch bis 1991. Die gepfeilte Front (l.) wurde entschärft, von der Targa-Version mit Stufenheck (o.) wurden immerhin Modelle im Maßstab 1:1 gebaut.

Das Thema Targa beschäftige Designer und Ingenieure immer wieder. Ein herausnahmbares Dachteil und Bügel galten als Porsche-typisch gesetzt. Auch eine Stufenheck-Version mit 928-Merkmalen galt als wünschenswert, weil Porsche-typisch.

Die letzten entscheidenden Änderungen schärften das Profil des Sportwagens. Die umlaufende Karosserie-Kante wurde ausgeprägter, die Glaskuppel – Charakteristikum der Baureihe bis hin zum letzten Vertreter – wuchs, und auch die Radausschnitte wurden größer. Am meisten profitierte die bis dato allzu konventionelle Heckansicht, die größere Leuchten erhielt, die optisch durch ein dunkel lackiertes Band miteinander verbunden wurden.

Der erste fahrbereite Prototyp mit GFK-Karosserie und Innenausstattung war am 10. April 1973 fertiggestellt und stand eine Woche später zur Beurteilung bereit. Bei der Technik hatten die Ingenieure um Projekt-Leiter Jochen Freund weisungsgemäß tief in den Baukasten der VW-Audi-NSU-Familie gegriffen und mit vielen Detail-Änderungen ein stimmiges Ganzes entworfen. Motor, Viergangschaltgetriebe und die vordere Scheibenbremse kamen vom (alten) Audi 100, die hintere Trommelbremse stellte der VW Typ 3, die Hinterachse der 1302 und die vorderen Federbeine der Passat. So ging EA 425 vertragsgemäß 1973 in den Besitz des Auftraggebers VW über.

Noch kein finales Design: Frühe Prototypen trugen ein optisch schweres, bauchiges Heck mit sich herum. Auch die Lösung mit kleinen Heckleuchten und schwarzer Stoßstange wirkt unfertig und wenig elegant.

Der Scirocco machte EA 425 überflüssig

Ein guter und sachgerechter Entwurf war EA 425, im Werk Salzgitter begannen bereits die Vorbereitungen zur Serienfertigung, doch der Wind bei Volkswagen und der angeschlossenen Tochter Audi-NSU hatte inzwischen gedreht.

1968 hatte der Konzern noch einen Gewinn von 400 Millionen Mark gemacht, nach Investitionen von 1,2 Milliarden DM für die neuen Modelle stand 1974 ein Minus von 800 Millionen Mark zu Buche. Zuviel! Rudolf Leiding musste gehen. Am 10. Februar 1975 übernahm Toni Schmücker den Chef-Posten in der 13. Etage der Wolfsburger Zentrale. „Schrumpfen, schrumpfen, schrumpfen", lautete das Motto, das der ehemalige Ford-Vorstand ausgab und dabei zuallererst den NSU-Stammsitz Neckarsulm im Auge hatte. Dort fertigen 18.000 Arbeiter und Angestellte im Jahre 1975 ganze 225 Audi 100 und sechs Ro 80 am Tag. Bei einer Kapazität von 650 Wagen, aber mit einer gewerkschaftlich erstrittenen Fünf-Minuten-Pause zu jeder vollen Stunde! Es drohte die Schließung des Standorts.

Der dramatische, von vielen befürchtete große „Opfergang" blieb den Mitarbeitern erspart. Aber gespart wurde, wo immer es ging – in erster Linie durch Stellen-Streichungen im ganzen Konzern und bei scheinbar nutzlosen Projekten, zu denen Schmücker auch den obsolet gewordenen EA 425 zählte.

Seit März 1974 lief bei Karmann das von Giorgio Giugiaro gezeichnete Sport-Coupé Scirocco ES 337 als Karmann-Ghia-Erbe vom Band. Angesichts der Energie-Krise schien sogar die sportliche Golf-Variante zuviel, einen zweiten Wagen dieser Art konnte Volkswagen nicht gebrauchen. Der zwischenzeitlich geäußerte Gedanke, den Sportwagen EA 425 als Audi-Modell und Nachfolger des Audi Coupé S zu lancieren, war ebenfalls verworfen worden. Ein Umstand, der dem Porsche-Vorstand jetzt in die Hände spielte.

Porsche benötigte dringend Ersatz für den auslaufenden 914/4 sowie ein neues Einstiegsmodell, das auf den so wichtigen Export-Märkten als zweites Standbein dienen sollte. Dort drohten verschärfte Abgas- und Lautstärke-Richtlinien dem luftgekühlten Boxer im Heck des 911 das Leben schwer zu machen. 1975 verkaufte Porsche mit rund 9000 Einheiten so wenige Autos wie nie zuvor!

Der 911 schien am Ende, und auch das Projekt 928 mit seinem großvolumigen V8-Motor in Zeiten sich verknappender Energieressourcen nicht der Weisheit letzter Schluss. Ein Porsche mit Vierzylinder, wie er seit Gründung der Marke im Jahr 1948 zur Modellpalette gehörte, wurde dringend benötigt.

Schon im Herbst 1974 war Porsche-Verkaufsdirektor Lars-Roger Schmidt an Rudolf Leiding mit dem Angebot heran getreten, den Entwicklungs-Auftrag zu übernehmen und in Eigenregie zu fertigen. Während Leiding noch abgelehnt hatte, stieß das Vorhaben beim zum Sparen verurteilten Toni Schmücker Monate

Zu den Erkennungsmerkmalen des ersten fahrfertigen 924-Entwurfs gehören die auffälligen Entlüftungsschlitze in den Flanken und die im Vergleich zur Serie kleineren Radausschnitte. Das VW-Lenkrad (r.) trägt noch das Wolfsburger Wappen.

SCHON IM HERBST 1974 FRAGT DER VERTRIEB BEI VW AN, OB EA 425 NICHT EIN PORSCHE WERDEN DARF.

„Baustufe 1" heißt diese 924-Vorstufe, die zum Fundes des Porsche Museums gehört. Der Innenraum baut schon ganz nah an der Serie, aber das Heck zeigt sich noch nicht gestrafft. Die Silhouette der späteren Rückleuchten ist schon erkennbar.

später auf offene Ohren. Schon drei Wochen nach Schmückers Amtsantritt, am 3. März 1975, wurde dem Konzern-Oberen in Wolfsburg ein vertraulicher Vorschlag über die Zusammenarbeit von Volkswagen und Porsche bezüglich Projekt EA 425 unterbreitet.

„Das Haus Porsche ist der festen Überzeugung, dass der EA 425 als reinrassiger Sportwagen unter dem Namen Porsche besser verkauft werden kann als unter dem Namen VW oder Audi. Aus diesem Grund scheint eine Kooperation zwischen der Volkswagenwerk AG und der Porsche AG bei diesem Projekt sinnvoll und für beide Seiten finanziell interessant zu sein. Es wird davon ausgegangen, dass der Wille zur fairen Zusammenarbeit bei allen Beteiligten vorhanden ist und Fehler, die in der Vergangenheit die gegenseitigen Beziehungen belastet haben, nicht wiederholt werden sollten", hieß es im Vorwort des Schreibens.

Auf nur fünf Seiten stellte Porsche die komplette Übernahme der ehemaligen Auftrags-Arbeit in Aussicht, bis hin zu „Pressevorstellungen, IAA, Einführungs-Werbung, Prospekte, Betriebsanleitungen, Reparaturleitfäden", sowie einer Fertigung im krisengeschüttelten Werk Neckarsulm. „Die angefallenen Entwicklungs- und Spezialwerkzeugkosten für den EA 425 werden über die Fahrzeugkalkulation mit einem festen Satz pro Einheit abgegolten."

Höchste Eile war geboten, denn schon im September sollte der Volkswagen als Porsche auf der Frankfurter Internationalen Automobilausstellung präsentiert und auch der Termin für den anvisierten Serienanlauf am 3. November 1975 möglichst eingehalten werden.

100 Wagen sollten pro Tag bei Audi-NSU in Neckarsulm vom Band laufen, die Motoren das VW-Werk Salzgitter zuliefern, so dass alle Beteiligten von dem Geschäft profitierten. Der finanzielle Aufwand für Porsche und der Aderlass für VW blieben dennoch enorm: 126 Millionen Mark wurden allein als Kaufpreis „für Entwicklung und Spezialbetriebsmittel" vereinbart, bei geschätzten Entwicklungs-Kosten von 180 Millionen DM auf Seiten von Volkswagen.

Schon am 9. April 1975 wurde ein Vorvertrag über die Kooperation unterzeichnet, der gleichzeitig einige wichtige Änderungen enthielt. So entfiel die geplante Einstiegs-Motorisierung, eine 100 PS starke Vergaserversion des Zweiliter-Vierzylinders, gänzlich. Anderseits wurde eine von VW verworfene Rechtslenker-Version ab sofort wieder in die Planung aufgenommen.

Der finale Stand zeigte Änderungen bei der Technik. Die Hinterachse mit Drehstäben und Tragrohr stammte vom VW 1303, die soliden Halbachsen für die angetriebenen Hinterräder hatten sich bereits im Gelände bewährt: sie kamen aus dem Bundeswehr-Volkswagen 181, dem „Kübel". Gerade bei der Bremsanlage mussten die Entwickler in Weissach ihre Ansprüche zurückschrauben: sie stammte zu großen Teilen vom K 70.

Die meisten Teile stellte die moderne Golf-Baureihe bereit. Die McPherson-Federbeine an der Vorderachse waren unten an Dreieckslenkern des Golf angelenkt, und auch die Stoßdämpfer kamen von VW. Die Heizung stammte ebenso von den Wolfsburger Verwandten wie die Lenkung, deren Übersetzung von 17,4 auf 19,1 geändert und die Lenksäule aus Sicherheitsgründen zweimal abgewinkelt worden war. Auch Türgriffe und Hebel am Armaturenbrett kamen aus dem VAG-Baukasten.

Was Jahre zuvor in Wolfsburg erdacht und in Weissach entwickelt worden war, sollte zum Jahresbeginn 1976 „unter der Verkaufsbezeichnung 924 geführt", nun endlich auf die Straße kommen.

 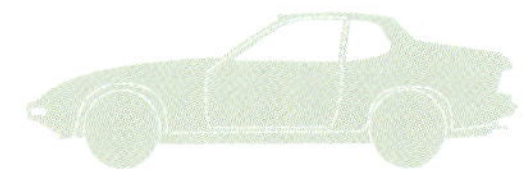  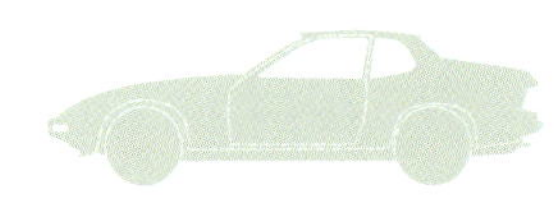 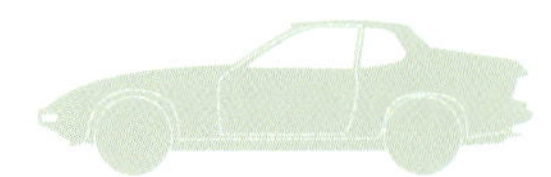

Der schwarze, in der Serie später in Wagenfarbe lackierte, Stoßfängereinsatz und der große Kühlergrill darunter zeigen das Versuchsstadium. Unter der Haube sitzt noch ein 100 PS starker Audi-Vergaser-Motor.

Porsche 924
Neues Auto, klassische Aufgabe

Die Spannung war groß. Längst war bekannt geworden, dass aus dem projektierten VW-Sportwagen ein Porsche geworden war, Presse und Publikum fieberten der Premiere entgegen, mussten sich aber noch gedulden. Weder der 914/4-Nachfolger, noch eine erste Studie des längst durch die Medien geisternden großen Bruders mit wassergekühltem V8-Motor waren im September 1975 auf der IAA in Frankfurt zu sehen. Stattdessen stand der seit kurzem erhältliche 911 Turbo als schnellster deutscher Serienwagen im Mittelpunkt des Auftritts.

Dem 924 bereitete Porsche eine eigene Bühne. In Südfrankreich, vor der von Jean Balladur entworfenen, modernistischen Wohn-Pyramiden-Architektur des Ortes La Grande Motte, fand vom 17. bis 25. November die Vorstellung des neuen Porsche statt. Stellvertretend für alle Leser und Anhänger der reinen, luftgekühlten Lehre stellte die Motorpresse die entscheidende Frage: „Ein richtiger Porsche?"

Weil die Skepsis groß war und die selbst gelegte Latte hoch lag, nahmen die Porsche-Marketing-Strategen die Historie zur Hilfe: „Ein neuer Porsche – eine klassische Aufgabe." So sollte der Bogen zum 356 gespannt werden, schließlich basierte auch dieser auf Komponenten aus dem Volkswagen-Regal. „Wie beim Typ 356 wurden beim 924 in der Konstruktion Großserienteile mitverwendet, um die Herstellungskosten zu senken und den Betrieb kostengünstig zu gestalten", formulierte die Presseabteilung. „Als rationell konstruierter, wirtschaftlicher Sportwagen tritt der 924 das Erbe des unvergessenen Porsche 356 an."

Bei der 924-Präsentation zog Porsche Parallelen zum 356, dem Vorbild mit vier Zylindern. Die VW-Beigaben waren nicht zu übersehen, doch der Neue verdiente sich Respekt.

Doch was dem ersten aller Porsche noch zur Ehre gereichte, schien nach dem Abenteuer VW-Porsche nur schwer vermittelbar. Bereits beim ersten Handanlegen wusste der Fahrer, wes Kind der 924 war: Der Türgriff stammte aus dem VW-Regal, fand sich so auch bei Golf, Passat und Audi 80 wieder. Doch die vermeintlichen Schwächen des Neuen waren gleichzeitig auch seine Stärken, wie die Fachleute anerkennen mussten.

Zum ersten Mal gab es bei Porsche überhaupt so etwas wie einen richtigen Gepäckraum, selbst wenn dieser aufgrund des darunter liegenden Getriebes recht flach ausfiel und anfangs noch über keine Abdeckung verfügte. Dafür erweiterten links und rechts Taschen in den Seitenteilen das Platzangebot des Kofferraums und ließ sich die Rückenlehne der hinteren Notsitze umlegen, was unter der großen Glaskuppel Platz für sperrigere Gegenstände schaffte.

Ebenfalls im Gepäckabteil verschwand bei Bedarf die große, herausnehmbare Dachluke, die das Schiebedach ersetzte – „Targa-Dach" nannte Porsche das GFK-Teil leicht irreführend. Im Gegensatz zum Vorgänger 914 gab es durch die 2+2-Anordnung im Innenraum auch endlich Platz, um einen Mantel oder eine Tasche abzulegen.

Die als allzu unauffällig empfundene Form des 4,20 Meter langen und 1080 Kilogramm schweren 2+2-Sitzers erntete Wohlgefallen, aber kaum Begeisterung: „Zu wenig Originalität und durch das hochgezogene Seitenfenster fehlende Harmonie in der Seitenansicht waren die am häufigsten geäußerten Kriterien", so Tester

November 1975, Spätsommer in Südfrankreich: Die Vorstellung des neuen, in bunten Farben auftretenden Einsteiger-Modells hatte Porsche in den in Teilen futuristisch gestalteten Ort La Grande Motte gelegt.

DER 924 ZEIGTE SICH SPARSAM – BEI AUSSTATTUNG UND VERBRAUCH.

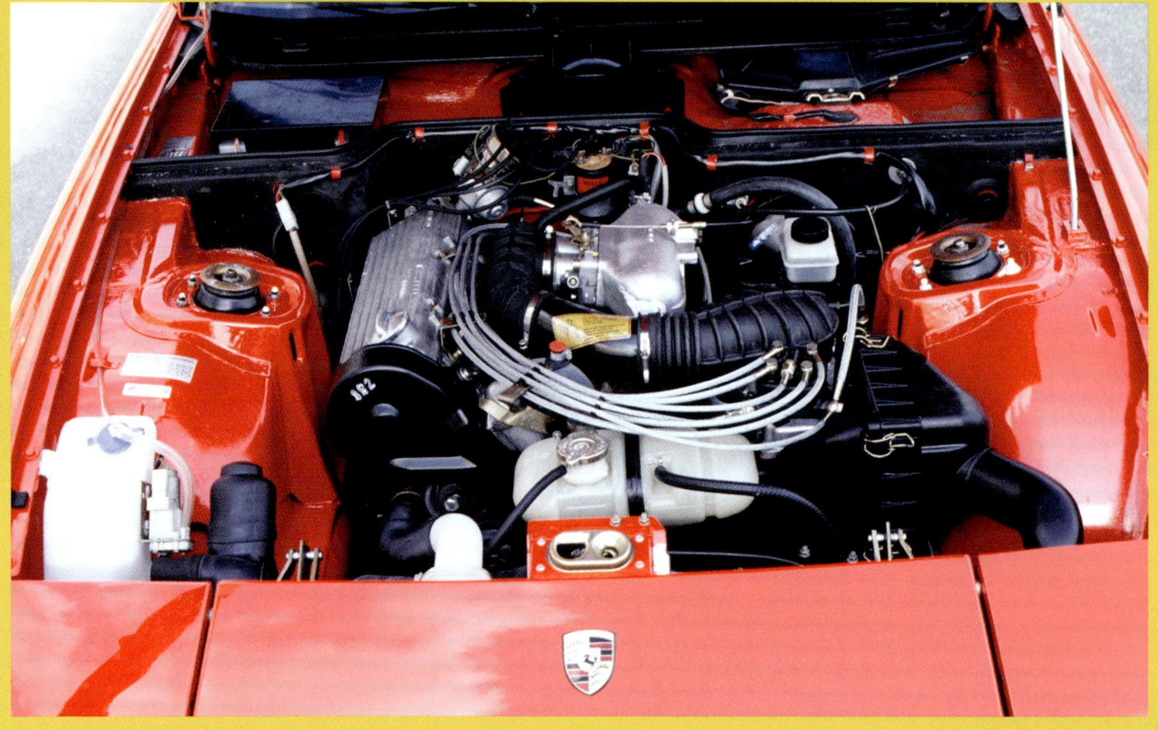

Die Sitze mit sportlichem „Tartan"-Muster übernahm der 924 vom großen Verwandten 911. Chrom um die Fenster und ein offen liegender Tankdeckel waren ein Merkmal der frühen Autos. Der 125 PS starke EA 831-Motor saß nach links geneigt unter der Haube.

Das herausnehmbare Dachteil zählte wie Heckwischer und Scheinwerfer-Reinigungsanlage zu den Extras. Hinter dem Getriebe fand im Kofferraum ein Notrad Platz. Scheibenbremsen vorn waren serienmäßig.

Fritz Reuter in *auto, motor und sport*. „Unbestreitbar sind die funktionellen Vorzüge des glattflächigen Blechkleids: Es ist ausgesprochen windschlüpfig und erreicht bereits ohne zusätzliches Flügelwerk einen günstigeren Luftwiderstandsbeiwert als der 911, was sich positiv auf Endgeschwindigkeit und Verbrauch auswirkt." Ein Lob für die Entwickler, denen mit einem c_W-Wert von 0,36 seinerzeit immerhin der Weltrekord für Straßenfahrzeuge gelungen war.

So glatt im Wind schwang sich der getestete 924 im Test zu einer Spitze von 206 km/h auf und erreichte in 9,3 Sekunden Tempo 100 – bessere Ergebnisse, als sie das Datenblatt versprach. Leider konnte der Vierzylinder in Sachen Geräuschentwicklung seine eher einfache Abstammung nicht ganz verbergen: Bei hohen Drehzahlen wurde das Triebwerk rau und brummig.

Der mit Unbarmherzigkeit gegenüber der Technik und per Bleifuß ermittelte Verbrauch des Porsche 924 von 12,3 Litern erwies sich später im Alltag als leicht zu unterbieten. Fast noch sparsamer zeigte sich der Innenraum, wo nur die vom großen Bruder 911 stammenden Sitze im typischen „Tartan"-Muster ein wenig Glanz versprühten.

Der Abstand zum 911 zeigte sich in entscheidenden Details wie dem rechts liegenden Zündschloss und den seit Einführung des 912 tradierten drei (anstelle von fünf) Uhren im Armaturenbrett. Auch an der Platzierung des Drehzahlmessers war der Unterschied zu erkennen, lag dieser doch nicht mehr in der Mitte des Blickfelds, sondern rechts vom zentralen Tachometer.

Shell Prüfdienst

TESTER UND KUNDEN MUSSTEN SICH AN DIE FRONTMOTOR-LINIE GEWÖHNEN.

Die Werbung stellte immer wieder den sparsamen Verbrauch und den für Porsche-Verhältnisse großen Kofferraum in den Mittelpunkt. Fotomotive mit Segelbooten signalisierten ein gehobenes Niveau.

IN WORT UND BILD
BEWARB PORSCHE DEN 924
ALS FAMILIEN-SPORTWAGEN.

Wie viel Platz ist in einem Porsche-Kofferraum? Das Fassungsvermögen des Gepäckabteils war ein wichtiges Verkaufsargument des ersten Porsche mit Frontmotor. Ob Puppe, Baguette oder Gummiboot – hier passt Vieles rein.

26
S-CP 5205

S-DR 8791

Mehr Raum für Einkäufe, für die Familie, für den Sport. Erstmals führte Porsche bei der Werbe-Kampagne auch praktische Vorzüge eines Modells ins Feld. Selbst im Weinberg machte der volksnahe 924 eine gute Figur.

Viel Lob, wenige Beschwerden

Drei große und tief in das Plastikarmaturenbrett eingelassene Instrumente lieferten die nötigsten Informationen. 125 Mark Aufpreis kosteten zwei Zusatzanzeigen, die zu beiden Seiten der Uhr in der Mittelkonsole untergebracht waren und deren schlechte Ablesbarkeit aufgrund der Position der Baureihe bis zum Ende erhalten blieb.

Das große, dem des Passat ähnliche Zweispeichen-Lenkrad gewährte zwar einen guten Hebel bei fehlender Servolenkung, schränkte aber den ohnehin knappen Platz zwischen Volant und Fahrerknie weiter ein. Ansonsten gab es – trotz des wuchtigen konstruktions-bedingten Mitteltunnels, der das Cockpit in zwei Hälften teilte – für die vorderen Passagiere ausreichend Raum. Der Platz auf den Notsitzen war allenfalls von Kindern bequem zu nutzen und bot eher Platz für kleinere Gepäckstücke.

Stahlräder waren serienmäßig, doch erst mit optionalen Alufelgen und Reifen im Format 185/70 HR 14 kam auch optisch so etwas wie ein standesgemäßer Auftritt zustande. 23.240 Mark waren für den 924 im Erscheinungsjahr zu bezahlen, der damit preislich zwischen dem Scirocco TS und dem Porsche 911 lag, etwas schwächere Wettbewerber wie den Opel Manta GT/E aber um beinahe 10.000 Mark überflügelte.

So blieb das Fazit der ersten Tests uneinheitlich. Der 924 war zweifellos gelungen, offenbarte aber Schwächen im Detail. So wurden der fehlende fünfte Gang und die unüberhörbare Geräuschkulisse von Motor, Antrieb und Fahrwerk im dissonanten Zusammenspiel mit der Karosserie unisono bemängelt. Gelobt wurden das unproblematische Fahrverhalten, die Sparsamkeit sowie die ausreichend solide Machart, handelt es sich doch schließlich noch um Vorserienfahrzeuge.

Die ersten Käufer des neuen Porsche mussten sich bis zum Frühjahr 1976 gedulden, erst dann begann die Auslieferung. Für Organisation und Abwicklung war die eigentlich für den VW-Porsche 914 gegründete Vertriebsgesellschaft in Ludwigsburg zuständig, deren Volkswagen-Anteile im Zuge der Projekt-Übernahme von EA 425 ebenfalls von Porsche übernommen wurden.

Ab Werk wurde der 924 mit einem Vierganggetriebe ausgerüstet. Fünf Gänge und drei Zusatzinstrumente kosteten extra. Erst ein Jahr nach dem Debüt, zum Modelljahr 1977, war eine optionale Dreigangautomatik erhältlich.

Im typisch harten Testmodus ermittelte die Auto-Presse einen Verbrauch von über 12 Litern, doch im normalen Alltag war ein Schnitt von unter 10 Litern Normal durchaus möglich. Das Tankvolumen lag anfangs bei 62 Litern.

WELTUMRUNDUNG IN REKORDZEIT

Ob in 28 Tagen um die Welt oder im Sportwagen mal schnell von Nord nach Süd – Rudi Lins und Gerhard Plattner bewältigten im 924 auch die eigentlich unmöglichen Touren.

Kaum liefen die ersten 924 in Kundenhand und sammelten Kilometer im Alltag, musste der neue Porsche seine erste und vielleicht gar schwerste Bewährungsprobe absolvieren. Ende April 1976 starteten zwei Österreicher, Berg-Europameister Rudi Lins und Langstrecken-Experte Gerhard Plattner, auf einem 924 zu einer „Weltumrundung". Eine vom Tiroler Fremdenverkehrsverbund als Werbung ausgeschriebene (und von Porsche zu PR-Zwecken geförderte) Härtetour führte über 40.000 Kilometer und durch 15 Länder, wobei zwischen verschiedenen Erdteilen immerhin der Luftweg genutzt wurde.

Am Freitag, dem 21. Mai 1976, endete der Parforce-Ritt nach 28 Tagen um 9.00 Uhr in Innsbruck. Der Benzinverbrauch lag zwischen 9 und 11 Litern pro 100 km, als einziger Schaden war ein gebrochener Stoßdämpfer zu beklagen, der nach 800 Kilometern auf schlechten Pisten in der persischen Wüste ausgewechselt werden musste. Prüfung bestanden!

Kein Jahr später startete das bewährte Team Lins/Plattner zum nächsten Extremtest: vom Nordkap zum Kap Hoorn. In demselben 924, der 1976 schon die Weltumrundung erlebt und danach den Zuverlässigkeitswettbewerb „100 Stunden Brenner-Autobahn" gewonnen hatte. Die Vorgehensweise blieb ebenfalls dieselbe: Gerhard Plattner bereitete mit großer Akribie die Tour vor, hatte im Auto das Sagen und das letzte Wort und hörte zum Wachbleiben preußische Militärmärsche.

Nach dem Start auf der Europabrücke der Brenner-Autobahn ging es über Basel, Hamburg, Kopenhagen, Stockholm und Rovaniemi zum Nordkap und nach Hammerfest, der nördlichsten Stadt der Welt. Nach fünf Tagen hatten Lins und Plattner bereits rund 8000 km unter teilweise schwersten Bedingungen zurück gelegt. Am Polarkreis wartete der erste Härtetest auf die Besatzung im Auto: Selbst bei voller Heizleistung kletterte die Temperatur im Auto nicht über acht Grad Celsius, alles funktionierte nur noch schwergängig, ein Sehschlitz an der Scheibe musste reichen. Beim Fotografieren zog sich Gerhard Plattner leichte

Chile, auf 4200 m Höhe. Die zweite Tour der Extreme führte das Team Lins/Plattner im 924 vom Nord Kap zum Kap Hoorn.

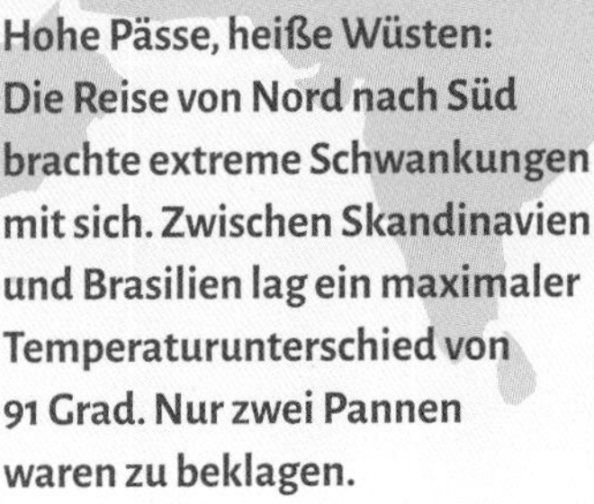

Hohe Pässe, heiße Wüsten: Die Reise von Nord nach Süd brachte extreme Schwankungen mit sich. Zwischen Skandinavien und Brasilien lag ein maximaler Temperaturunterschied von 91 Grad. Nur zwei Pannen waren zu beklagen.

Erfrierungen an der Hand zu. „Am Ende erfuhren wir, dass die Temperatur bei minus 49 Grad lag", erinnerte sich Plattner später.

Die Route führte anschließend südwärts, wieder über Stockholm, Kopenhagen und Hamburg, dann über Basel, Lyon und Madrid nach Lissabon. Die Strecke Portugal-Brasilien legten Fahrer und Fahrzeug im Flugzeug zurück. Von Recife ging es weiter durch Argentinien und Chile nach Ushuaia, der am Kap Hoorn gelegenen südlichsten Stadt der Welt. Zum Test der Extreme gehörte eine Temperatur von 42 Grad im Schatten im Süden Brasiliens. Die Bewältigung einer der höchsten Passstraßen der Welt, des Puerto de la Cumbre, deren höchster Punkt auf 3832 Metern über dem Meeresspiegel liegt, fiel wegen zum Teil von heftigem Regen weggeschwemmter Abschnitte aus.

Lins und Plattner mussten einen Umweg über Paraguay machen, um Argentinien zu erreichen. Nach 36 Straßenkontrollen durch argentinisches Militär und dem Durchqueren von 16 Wasserfurten erreichte das Team Ushuaia.

Mensch und Maschine schlugen sich erneut bravourös. Wieder ging ein Stoßdämpfer kaputt, außerdem wurde der Benzinfilter durch Steinschlag aufgerissen. „Einmal übersah Plattner in Santa Fez eine Bodenwelle. Das Auto flog etwa vier Meter durch die Luft und landete äußerst lautstark", gab Rudi Lins nach der Rückkehr zu Protokoll. Weitere besondere Vorkomnisse: keine. Planmäßig kehrte das Team nach einem Monat Fahrtdauer und 32.136 Kilometern an den Ausgangspunkt der Reise zurück.

Die nächste Tour Plattners auf Porsche 924 im August 1980 hatte ein anderes Ziel. Bei der „Mobil-Superlativfahrt" in den USA legte Plattner in 18 Stunden 1762 Kilometer mit 4400 Metern Höhen- und 52 Grad Temperaturunterschied zurück. Der Startschuss fiel in Badwater, mit 91 Metern unter Null der tiefste Punkt der USA, und führte auf den 4348 Meter hohen Mount Evans, dem höchsten befahrbaren Punkt. Bei einer Durchschnittsgeschwindigkeit von 96 km/h verbrauchte der serienmäßige 924 im Schnitt 7,86 Liter pro 100 Kilometer. ■

Einer für Alle: Der marsrote 924 mit dem Kennzeichen S – CL 8495 war ein Held der ersten Stunde. Egal ob im Hafen von La Grande Motte, am Strand, an der Tankstelle oder im Pariser Straßenverkehr, er machte überall eine gute Figur.

SCHON NACH EINEM HALBEN JAHR ERHÖHTE PORSCHE DIE PRODUKTION VON 80 AUF 109 AUTOS PRO TAG.

Für den Handel erwies sich der 924 als Glücksfall. Das günstige Einsteigermodell verkaufte sich gut und im Gegensatz zum Vorgänger 914 fand sich kein VW mehr im Namen.

PLATZ UND PREIS DES 924 PASSTEN ZUM JUNGEN FAMILIEN-GLÜCK.

GENERATION DER HENKEL – DIE ERFINDUNG DES TARGA

Die Porsche-Geschichte datiert die Geburt des 911 Targa auf den September 1965, als das neue „Sicherheits-Cabriolet" auf der IAA debütierte. Tatsächlich gab es schon 1962 erste Pläne für einen 356-Cabrio-Nachfolger mit Überrollbügel, und aus den Vorschlägen kristallisierte sich ein Modell heraus, das einer ganzen Wagengattung einen Namen gab: Targa!

Die Sperrfrist der von Porsche herausgegeben Presse-Mitteilung endete am 6. September 1965, dann rauschte es im Blätterwald. Ein frischer Wind wehte aus Zuffenhausen heran, noch konnte keiner ahnen, dass es mal ein Sturm werden würde, der die Automobilindustrie wie ein Blatt vor sich her pusten würde. Der Anfang vom (zumindest zeitweiligen) Ende des Cabriolets feierte Premiere.

„Der ‚Targa' ist weder ein Cabriolet noch ein Coupé, weder ein Hardtop noch eine Limousine, sondern etwas völlig Neues. Mit ihm stellen wir nicht nur ein neues Auto vor, sondern eine neue Idee: Die Anwendung eines Sicherheitsbügels in der Serienproduktion und damit das erste Sicherheitscabriolet der Welt." Dass das auf die Sporterfolge bei der sizilianischen Targa Florio Bezug nehmende Wort „targa" auch Schild bedeutete und quasi dem Sicherheits-Gedanken punktgenau einen Namen gab, wurde der Legende nach erst nach der Namenswahl festgestellt.

Erst im Januar 1967 waren die ersten Targa-Modelle auf den Straßen zu sehen, fast fünf Jahre nach den ersten Gedankenspielen zum Thema, wie ein offener Porsche in Zukunft aussehen könne. Der Startschuss zum Projekt „offener

Ferdinand Alexander „Butzi" Porsche trieb das „Sicherheitscabriolet" mit Bügel auch aus gestalterischen Gründen voran: Laut dem Vater der Elfer-Linie war ein gelungenes Cabrio-Design auf Basis eines Schrägheck-Autos unmöglich.

Wagen 901" fiel Ende 1962, von Anfang an gab es Pläne und Zeichnungen, den 356-Nachfolger mit einem Bügel zu versehen. Karmann in Osnabrück wurde damit betraut, die Durchführbarkeit der Ideen zu überprüfen.

Eine der ersten Konstruktionszeichnungen des später „Targa" genannten Modells datiert vom 3. Juli 1963 und zeigt ein „Coupé mit starrem Rollbügel und abnehmbaren Stahldach". Zu dieser Zeit soll innerhalb der Familie Porsche bereits die Entscheidung gefallen sein, das Vollcabrio aufzugeben. Aber warum? Immerhin gehörte eine Cabriolet-Version seit den ersten Tagen als Fahrzeughersteller zur Modell-Palette, auch der Porsche Nummer 1 hatte auf ein festes Dach verzichtet.

Offenbar kam der Entschluss durch mehrere Faktoren zusammen. War es die Sorge, dass auf dem wichtigen Markt USA Cabrios verboten werden könnten? Wohl kaum, denn 1962/63 führten alle US-Hersteller offene Modelle im Programm, und die verkauften sich gut. Der Targa also eine Cabrio-Notlösung? Ebenfalls nein. Vielmehr führten Kosten-, Konstruktions- und Gestaltungsgründe zum neuen Porsche-Typ mit Sicherheitsbügel, einem Karosserie-Element, das bisher nur im Rennsport Verwendung gefunden hatte.

Für die Entwicklung eines offenen Porsche fehlte in erster Instanz das Geld. Die Coupé-Struktur des 901 erwies sich ohne Dach als zu weich, eine niedrigere Windschutzscheibe hätte weitere Kosten verursacht und ein Klappverdeck auf dem hohen Rücken die Linie gestört. Laut Designer Ferdinand Alexander Por-

SCHON 1962 FIEL DER STARTSCHUSS FÜR DAS PROJEKT „OFFENER WAGEN 901".

sche konnten offene Schrägheck-Autos ohnehin niemals gut aussehen, er hätte einen eigenen 911-Entwurf mit Stufenheck bevorzugt. Roadster? Speedster? Cabrio? Nichts kam in Frage. Aber ein Modell mit 150 mm breitem Überrollbügel.

Schon im Juni 1964 liefen erste Versuche, und die Rechnung ging auf: Die hinteren Kotflügel, das Heck und die Motorhaube ließen sich unverändert vom Coupé übernehmen, Überrollbügel, Dachteil und Faltheckscheibe lösten alle Probleme auf einmal. Der Bügel gab der weichen Karosserie Stabilität und schützte die Insassen, Targa-Dach und zu öffnendes Heckfenster ermöglichten unterschiedliche Frischluft-Stufen.

Der erste mit einer regulären Fahrgestellnummer gebaute Porsche 911 Targa trug die Ziffernfolge 500 001 (912 Targa: 550 002), wurde Mitte 1965 gebaut und diente im Werk als Versuchsträger. Zu dieser Zeit war die Entwicklung des neuen Sicherheitscabriolets schon vorangeschritten, aber eine Serienfertigung aufgrund nicht zufriedenstellender Crash-Sicherheit noch in weiter Ferne. Gleich mehrere Unterschiede zu den späteren Serienmodellen von 1967 zeigten, dass auch Targa Nummer 1 noch tief im Prototypenstadium steckte.

Die strukturellen Versteifungen der Karosserie waren noch mit der Hand ausgeführt, das Dachteil war starr, und das Softtop arbeitete auf altväterliche Weise mit Holzspriegeln. Am Heck trug der Targa von 1965 den typischen schräg gestellten 911-Schriftzug seines frühen Entstehungsjahres sowie eine goldene Porsche-Plakette am Bügel. Ein Ausstattungsdetail, das 1965 noch die Fotowagen im aktuellen Porsche-Prospekt besaßen, aber zum Beginn der Fertigung von 912, 911 und 911 S Targa verschwand und durch einen „targa"-Schriftzug ersetzt wurde.

Als Porsche die neue 911-Version im September 1965 auf der Frankfurter IAA ins Rampenlicht rückte, war noch ein Serienanlauf im Frühjahr 1966 geplant, passend zur Frischluft-Saison. Vier namentlich und im internationalen Stil gekennzeichnete Variationsmöglichkeiten bot Porsche „je nach Laune und Witterung" an:

- **Targa Spyder: abgenommenes Dach, abgeklappte Heckpartie**
- **Targa Bel Air: Cabrio-Verdeck abmontiert, aber Heckpartie geschlossen (zugfreier Sonnenschein)**
- **Targa Voyage: Cabrioletdach geschlossen, jedoch Heckpartie offen (Frischluft ohne Sonnenbrand)**
- **Targa Hardtop: Dach mittels Schnellverschluss aufgesetzt, Heckpartie mittels Reißverschluss geschlossen**

FRAGEN KOMMEN AUF:
IST DER METALLBÜGEL VIELLEICHT
MIT SPÜLI REINZUHALTEN?

Dennoch blieb die Argumentation mühsam, zu ungewöhnlich und andersartig war die neue Wahlfreiheit beim offen Auto fahren: „Es ist Porsches Privileg, der erste Automobilhersteller der Welt zu sein, der ein Serienmodell mit Überrollbügel anbietet", war in der Pressemappe zu lesen. Aber was sollte der Porsche-Fahrer damit anfangen? Der Targa warf Fragen auf. Ob der Metallbügel, anfällig gegen Fingerabdrücke, mit Spüli zu pflegen sei, schrieb eine Targa-Fahrerin der Porsche-Hauszeitschrift „Christophorus", halb spöttelnd im Ton, halb ernsthaft fragend.

Die ursprüngliche Faltfenster-Konstruktion machte sich bald unbeliebt: Der Reißverschluss war fummelig, ein vollständiger Ausbau inklusive Targa-Dach kostete Zeit und Nerven, und bei Kälte zog sich der Kunststoff zusammen. Unter 15 Grad Celsius nicht öffnen, war die Empfehlung des Herstellers. Es könnte sein, dass es nicht wieder zuging.

Der Aufpreis zum Coupé betrug Anfangs 1400 Mark, und ab Herbst 1967 lieferte Porsche auf Wunsch eine aufsetzbare Panorama-Heckscheibe aus Sicherheitsglas. Das ursprüngliche Targa-Konzept endete zwei Jahre später: Zum Modelljahr 1969 wurde die Softwindow-Variante durch eine Version mit Glasscheibe ersetzt, die PVC-Heckscheibe war noch ein Jahr lang und gegen Aufpreis erhältlich. ■

Gestalterisch spielte Porsche alle Möglichkeiten eines 924 Targa durch. Sowohl eine Lösung mit klassischem Bügel und großer Glasklappe wurde entwickelt (l.) wie auch eine eigenständige Stufenheck-Variante.

Eine Targa-Version ist denkbar

Dass Porsche gut daran getan hatte, nach 912 und 914/4 erneut ein unter dem 911 platziertes Einsteigermodell ins Programm zu nehmen, bewiesen die Verkaufszahlen. In den ersten fünf Monaten des Premierenjahres 1976 wurden 2352 Einheiten des 924 verkauft. In einer Presseerklärung teilte das Unternehmen mit, die Produktion ab Juli von täglich 80 auf 109 Fahrzeuge hochzufahren, um der großen Nachfrage Herr zu werden. Darüber hinaus beschäftigte sich die Geschäftsleitung mit dem Gedanken, wie bei den Vierzylinder-Vorgängern eine Targa-Version anzubieten.

Als die Entwicklung der 924-Targa-Variante 1977 begann, war der 911 Targa schon zehn erfolgreiche Jahre am Markt. 1965 hatte Porsche das „Sicherheits-Cabriolet" vorgestellt, bis zum Anlauf der Serienfertigung dauerte es noch bis Dezember 1966. Mit der zum Modelljahr 1969 eingeführten festen Glasscheibe, die zwar das Gefühl des Offenfahrens reduzierte, aber keinerlei Probleme in der Handhabung mehr verursachte und darüber hinaus die Karosserie stabilisierte, erlebte das Konzept seinen Durchbruch. Anfang der siebziger Jahre betrug der Targa-Anteil an der Produktion mehr als 40 Prozent.

Ein Sauger, ein Targa, ein Turbo. In dieser Schrittfolge hatte der 911 Karriere gemacht, da schien es schlüssig, den 924 in dessen Fußstapfen treten zu lassen. Von Anfang an plante Porsche eine Version mit Saugmotor und eine Turbovariante (931) – die 1977 ebenfalls noch im Werden war.

Unter der Auftragsnummer 927/57 begann am 1. Mai 1977 die Entwicklung des 924 Targa. Der Linkslenker erhielt die Konstruktionsnummer 941, der Rechtslenker die 942. Sowohl Fahrwerk als auch Triebwerk sollten unverändert übernommen werden.

Dass Targa nicht gleich Bügel bedeutete, zeigten Bilder eines 941 auf Turbobasis. Ähnlich dem 911 verfügte der erste 924-Targa-Entwurf über eine lichte, rückwärtige Glaskonstruktion, die jedoch aus drei Teilen bestand. „Die Dach- und Heckscheibenkontur ist so gestaltet, dass die Möglichkeit besteht, ein gläsernes Dach über die Heckscheibe zu schieben." Dieser neuartige Ansatz lieferte erste Erkenntnisse, die später bei der Entwicklung des 993 Targa einflossen. Außerdem trug der 941-Prototyp ein Stufenheck, was dem Wunsch des wichtigen Export-Markts USA geschuldet war.

Der Porsche-typische Ansatz mit Überrollbügel wurde ebenfalls verfolgt. Da folgte die Linie der bekannten 924-Form mit großer Glaskuppel, und die Targa-Studie hatte ein manuell herausnehmbares Dachmittelteil. Die Oberseite des Bügels, etwa ein Drittel der Dachoberseite, trug denselben Kunststoff wie das Targadach, so dass sich eine stimmige Optik ergab.

Allerdings überzeugte die Konstruktion ihre Entwickler ebenso wenig wie die mit Mängeln behaftete Stufenheck-Version, die 1984 noch einmal kurz als zwischen 924 und 944 positioniertes Zwischenmodell „Porsche 942" mit spekulativem 2,2-Liter-Motor durch die Presse geisterte. Weder mechanisch noch optisch konnte das verschiebbare Glasdachteil des 924 Targa überzeugen, darüber hinaus schränkte es, hinten abgelegt, die Sicht ein. Weil die Entwicklungs- und Werkzeugkosten als zu hoch geschätzt wurden und die Karosseriesteifigkeit nie überzeugen konnte, wurde die Entwicklung einer 924-Targa-Version bereits 1980 gestoppt.

Zweckentfremdet fand der Name dennoch Verbreitung in der Transaxle-Familie: Bei 924 und 944 beschreibt „Targa" die Version mit großem, herausnehmbarem Stahldach. Ein schwacher Trost für alle Targa- und Transaxle-Fans.

Erst auf den zweiten Blick fiel das fehlende Dachteil auf. Das Targa-Konzept passte nahtlos und harmonisch in die typische 924-Linie – und ging trotzdem nie in Serie.

DIE ENTWICKLUNG DES 924 TARGA BEGANN, ALS DER 911 TARGA SCHON ZEHN JAHRE AM MARKT WAR.

Schon Instrumente mit weißen Ziffern, aber noch Sitze mit Schottenkaro-Mittelbahnen: Die Ausstattung des 924 Turbo Targa enthält Details mehrerer Modelljahre. Im Prototyp arbeitet der Motor der 924 Turbo-Urversion mit 170 PS.

MODERNE KLASSIK

WERBUNG FÜR DEN NEUEN PORSCHE

Die in der Normandie entstandenen ersten Foto-Aufnahmen des neuen Porsche fanden sich in vielen Werbeanzeigen und Pressebildern wieder. Mitarbeiter kamen mit aufs Bild, der 924 kam auf den Anhänger – das sparte Geld.

In der Presse-Abteilung war der Herr Plattner nicht gern gesehen, warum auch immer. Aber für uns war er ein großer Gewinn. Mit Hilfe der Extrem-Touren konnten wir die Haltbarkeit der neuen Transaxle-Technik unter Beweis stellen. Das Angebot, als Beifahrer mit ihm auf Reisen zu gehen, habe ich dann aber doch dankend abgelehnt." Für den langjährigen Porsche-Werbeleiter Georg Ledert waren die erfolgreichen Langstreckenfahrten ein Segen, aber die Platzierung des neuen Einsteiger-Modells Mitte der siebziger Jahre war die wohl größte Herausforderung während seiner mehr als 30 Jahre bei Porsche.

1969 war Ledert zu Porsche gekommen, gleichzeitig mit dem VW-Porsche-Gemeinschaftsprojekt 914, das eine Aufstockung des Personals erforderte. Die Abteilung Werbung/Verkaufsförderung war Teil des Marketings. Aus der Stuttgarter Innenstadt zog die Vertriebsgesellschaft nach Ludwigsburg, dort standen 1974 die Zeichen auf Trennung. Das Alte ging zu Ende, der Neue stand in den Startlöchern.

„Der 924 war einfach und schwierig zugleich. Zunächst war da die Ziffernfolge. Als Nachfolger des 914 mit vier Zylindern ergab sich die logische Modellbezeichnung wie von selbst: 9, 2 und 4. Außerdem war da der Vorteil, dass es sich nicht um einen VW-Porsche, sondern eben um einen Porsche handelte", sagt Georg Ledert (83). „Er war in Weissach entwickelt worden, auch wenn viele VW-Teile drin steckten. Die größten Schwierigkeiten bereitete uns der Umstand, dass er so ganz anders als der 911 und alle anderen Porsche zuvor war. Hätte es den 928 schon gegeben, wäre es leichter gewesen, einen kleinen Bruder zu verkaufen. Aber mit dem 924 fingen wir bei Null an."

Bei der Handelsorganisation stieß der neue Porsche auf großes Interesse. In Zeiten, da viele VW-Händler nebenbei Porsche verkauften, fiel es ihnen deutlich leichter, ein preisgünstiges Einsteiger-Modell zu verkaufen, als Käufer für den teuren 911 zu finden.

Lars Schmidt, Geschäftsführer der VW-Porsche-Vertriebsgesellschaft und ab Oktober 1974 Porsche-Vorstandsmitglied, ordnete den Vertrieb neu. Der Porsche-Verkauf in Deutschland wurde auf 76 Direkt-Händler und 120 Autohäuser (Stand 1977) beschränkt. Die geforderte räumliche Trennung von VW und Porsche erforderte Investitionen, die sich mit dem Verkauf des populären 924 schneller wieder erwirtschaften ließen. „Als erstes haben wir uns fünf, sechs Autos von der Konkurrenz besorgt, Triumph, Opel und andere, in eine Scheune nahe Heilbronn gestellt und die Fahrzeuge abends und nachts reihum durchprobiert und gefahren, haben Vor- und Nachteile benannt."

Porsche-Werbeleiter Georg Ledert (o. l.) und der Grafiker Erich Strenger setzten den neuen 924 mit Kampagnen ins Bild. Über mehr als 30 Jahre prägte Strenger, hier mit den Mitarbeitern seiner Stuttgarter Agentur, Porsches Darstellung in der Öffentlichkeit.

Beauty-full
PORSCHE

REKLAME

1976

Zielgruppe waren jene Käufer, die sich einen Sportwagen anstelle eines normalen Autos leisten konnten, aber nicht „die Drei-Auto-Familie, wo es neben einer Limousine und einem Kleinwagen noch für einen Elfer fürs Wochenende reichte", sagt Georg Ledert. „Trotzdem: Wir haben ihn nie als Billig-Lösung oder bescheiden beworben. Stattdessen haben wir die Qualitäten des ‚Familien-Sportkombis' betont, auf die bequemen Notsitze, den großen Kofferraum, den niedrigen Preis und den geringen Verbrauch sowie auf die hervorragende, auch für Nicht-Porsche-Experten gut zu beherrschende Straßenlage verwiesen."

Die Presse sprach nun statt vom VW-Porsche wegen des Motors gern vom Audi-Porsche, doch dem wirkte die Werbeabteilung gezielt entgegen. Georg Ledert: „Ein zentraler Punkt der Werbung war die Familien-Zugehörigkeit." Auf vielen Motiven fand sich der 924 in Gesellschaft anderer Modelle wieder. Slogans wie „Sein großer Bruder ist der Turbo" und „Ein guter Stall ist entscheidend" rückten das Einsteiger-Modell in die Nähe der berühmten Verwandten. Mit „Endlich am Ziel: im Porsche-Cockpit" oder „Getriebe hinten, Motor vorn, Transaxle dazwischen. Mehr Fahrsicherheit, aktive und passive" betonte Porsche Erschwinglichkeit und praktische Vorzüge.

1976

Der kleine Bruder ist kein Billig-Porsche

Im Januar 1975 hatte die seit langem mit Porsche verbundene Agentur Strenger aus Stuttgart den Zuschlag für die 924-Werbung erhalten. Große Teile der Produktion übernahm Strenger in Eigenregie, oft unter Zuhilfenahme der Werbeabteilung. „Bei den Menschen auf den Fotos handelt es sich oft um Mitarbeiter der Agentur, auch Erich Strengers Ehefrau diente als Model, und bei einer Aufnahme sitze ich mit am Lagerfeuer", sagt Ledert. „Das sparte Geld! Und alle Beteiligten durften mit dem Porsche am Wochenende mal nach Frankreich fahren – so einfach war das damals manchmal."

Die ersten Fotos entstanden in der Normandie, etwa vor dem Hintergrund des Mont Saint Michel. Die Fahrt dorthin absolvierte der 924 abgedeckt auf einem Anhänger hinter einem BMW, Ursula Strenger beschwichtigte die französischen Polizisten. In einem anderen Fall musste gar ein noch nicht eröffnetes Autobahn-Teilstück nahe Stuttgart für Filmaufnahmen herhalten, was einen Hubschrauber-Einsatz der Polizei zur Folge hatte. „Wir bekamen die Mahnung mit auf den Weg, beim nächsten Mal doch bitte Bescheid zu sagen."

„WIR HABEN DIE QUALITÄTEN DES FAMILIEN-PORSCHE UND DIE STRASSENLAGE BETONT."

Den Importeuren ließ Porsche die Möglichkeit, die Werbung den eigenen Gegebenheiten anzupassen. Aus dem Slogan „Köln-München ohne Tankstopp" wurde in Schweizer Anzeigen „Zürich-Genf ohne Tankstopp".

„Natürlich gab es auch im Haus zwei Fraktionen, pro und kontra 924. So wie auch draußen viele der ‚Gusseisernen' den 924 ablehnten." Auch gegenüber den Clubs habe es Erklärungsbedarf gegeben, erinnert sich Ledert. „Zu vielen, vielen Treffen mit den Porsche-Clubs, teilweise elitäre Kreise, bin ich absichtlich mit dem 924 gefahren. Vor Ort war die Neugier groß, und ich glaube, dass so viele Elfer-Fahrer von den Vorzügen des kleinen Porsche überzeugt werden konnten." In der Öffentlichkeit kam die Botschaft an: Drei Jahre in Folge, 1977, 1978 und 1979, wählten die Leser der *auto, motor und sport* den 924 zum „Besten Sportwagen bis 2000 cm³". Den zweiten Platz, mit 17 Prozent weit abgeschlagen, belegte 1977 der verwandte VW Scirocco, dem EA 425 einst hatte Platz machen müssen. ■

1976

6 Jahre
Langzeit-Garantie
gegen Rost
Nur ein Porsche bleibt so lange neu

PORSCHE

1977

Zurück in den USA

Zum 924 startete Porsche gezielte Kundenbefragungen. Jeder dritte Kunde spielte Tennis, immerhin 17 Prozent der Käuferschaft waren Frauen, mehr als ein Drittel Selbstständige. Form und Aussehen, Wirtschaftlichkeit und Sportlichkeit gaben die Kunden von Autos des letzten Quartals 1977 als ausschlaggebende Kaufmotive an, BMW, Mercedes-Benz und Alfa Romeo hießen die wichtigsten Konkurrenten. Die Mängelliste geriet lang: Getriebeabstufung, Geräuschniveau, Türtaschen, Pedale und Belüftung wurden kritisiert, der Benzinverbrauch am ehesten positiv bewertet. Immerhin zwei Drittel der Befragten, so das Ergebnis der Umfrage, hätten sich wieder einen 924 kaufen wollen.

Für das Ausland, und vor allem für den US-Markt, wo 912 und VW-Porsche immer gute Verkaufszahlen erzielt hatten, war der neue 924 eine wichtige Ergänzung des Porsche-Angebots.

Mit dem Modelljahr 1977 bot Porsche für den 924 eine Dreigangautomatik an, ein wichtiges Zubehör für die Märkte Japan und Nordamerika, die seit Juli 1976 beliefert wurden. Dort enttäuschte das auf europäische Verkehrs-Verhältnisse abgestimmte VAG-Teil jedoch mit unbefriedigenden Beschleunigungszeiten von elf Sekunden für den Sprint von 0 auf 100 km/h. Der Wandler des Schaltautomaten fand in der leerstehenden Kupplungsglocke seinen Platz. Die Motorleistung der US- und Japan-Version lag erst bei 110, dann bei 115 PS. Mit Katalysator blieben in den USA sogar nur 95 SAE-PS übrig.

AUF DEM US-AMERIKANISCHEN MARKT SPIELTEN VIERZYLINDER-PORSCHE EINE WICHTIGE ROLLE.

Auf dem heimischen Markt gab es mehr und das in Serie: Endlich erhält der Wagen die vorher nur optional erhältlichen Flankenschutzleisten serienmäßig und ein Sichtschutz-Rollo für den bis dahin allen Blicken preisgegebenen Gepäckraum.

Während sich der 924 in den USA optisch ähnlichen, aber technisch komplett anders konstruierten Wettbewerbern wie Datsun 240 Z und Mazda RX-7 stellen musste, kam es auf dem Heimatmarkt beinahe zwangsläufig zum Vergleich mit dem Alfa Romeo Alfetta GT. Beide Autos spielten in der Zweiliterklasse und setzten auf Transaxle-Bauweise.

2300 DM billiger war der mit einem dohc-Leichtmetallmotor ausgerüstete Italiener, der allerdings mit Vergasern statt mit Einspritzung und mit fünf anstelle von vier Gängen ausgerüstet war. Solide Machart, Wirtschaftlichkeit und Alltagstauglichkeit waren es, die den Porsche am Ende den Vergleich als Sieger beenden ließen. Keine ausgesprochenen Sportwagen-Attribute, wie nicht wenige Kritiker dieses viel zu weichen, Nutzwert-orientierten Porsche meinten, aber Eigenschaften, die bei den Käufern ankamen.

Mit der Modellpflege wuchs der Umfang der Serienausstattung: Flankenschutzleisten und Kofferraumrollo waren ein Jahr nach dem Debüt obligatorisch. Zu den exklusiven Extras gehörte ein Kofferset für den 924.

Obwohl die nur 86 PS starke 924-US-Version mit der ab Modelljahr 1977 angebotenen Dreigangautomatik nur durchschnittliche Fahrleistungen erzielte, war die Automatik ein wichtiges Extra. US-Versionen trugen seitliche Positionsleuchten und voluminösere Stoßstangen.

Innerhalb eines Jahres war das angepeilte Klassenziel von 100 Fahrzeugen erreicht, die jeden Tag in Neckarsulm den „Zählpunkt 8" als finale Kontrollstation passierten. Liefen im Premierenjahr 1976 noch 5149 Einheiten des 924 vom Band, wurde das Jahr 1977 bereits zum Allzeithoch. Von 26.393 verkauften Exemplaren gingen fast zwei Drittel nach Amerika, wo der kleine Porsche mit viel weniger Vorurteilen zu kämpfen hatte als in seiner Heimat. Erst 1979 sollten die Verkaufszahlen auf dem europäischen Markt jene aus den USA übertreffen.

Mit dem Debüt des 928 im Jahr 1977 fand das Transaxle-Konzept auch in der oberen Wagenklasse Anwendung, er stand ab sofort bei Porsche gleichberechtigt neben dem 911. Dass 924 und 928 die Zukunft des Unternehmens bedeuteten und der Elfer, wie sein ganzes betagtes und zweifellos überlebtes Konzept, bald Vergangenheit sein würde, stand für viele Experten fest. Zumal der 924 eine kontinuierliche Modellpflege erfuhr, die alsbald die profanen Wurzeln vergessen machte – etwa in Form der überarbeiteten Auspuffanlage mit ovalem Endrohr oder der optionalen elektrischen Fensterheber.

Die häufig auftretenden Warm- und Heißstart-Probleme aufgrund von Dampfblasenbildung am Einspritz-Ventil wurden schnell behoben. Gehörten eine neue Positionierung der Wasserpumpe und die Reduzierung der Innenraum-Geräusche durch eine bessere Entkopplung der Hinterachse von der Karosserie zu den Pflege-Maßnahmen, sprach das seit dem Modelljahr 1978 erhältliche Fünfganggetriebe die Sportfahrer unter den Kunden an. Das Getrag-Getriebe, bereits aus früheren 911-Typen bekannt, war gegen Aufpreis zu bekommen und sorgte für geringere Drehzahlsprünge, während der oberste Gang mit der gleichen Übersetzung aufwartete, über die auch der vierte Gang des Audi-Getriebes verfügte.

Am 24. April 1978 lief der 50.000. Porsche 924 in Neckarsulm vom Band, ein Riesen-Erfolg für den Transaxle-Wagen, der sich großer Zuneigung im Kreis der

Achtung, Op-Art! Der psychedelischste aller Porsche-Stoffe hörte irreführend auf den Namen „Pascha" und brachte Kunst ins Auto. Das Muster basierte auf einer Grafik des Gestalters und Werbers Erich Strenger.

Die Fertigung des 924 sicherte dem alten NSU-Stammwerk Neckarsulm die Existenz, die EA 831-Rumpfmotoren lieferte das VW-Werk Salzgitter zu. Erst in der Endkontrolle arbeiteten Porsche-Mitarbeiter aus Stuttgart.

FAST ZWEI DRITTEL DER 924-PRODUKTION LANDETEN AUF DEM US-MARKT.

Die formschönen Leichtmetallräder werteten den Auftritt des 924 deutlich auf. Die Achtspeichen-Räder gab es ab dem Modelljahr 1979 ohne Aufpreis, im Jahr darauf erhielt der 924 serienmäßig die Außenspiegel des 911.

gewachsenen Porsche-Kundschaft erfreut. Diesem Hoch in der Käufergunst stand nur der Preis entgegen: In den USA, auf dem wichtigsten aller Export-Märkte, stand ein schwacher Dollar größeren Erfolgen im Weg.

Dort musste sich der 924 zeitweilig mit der viel stärker motorisierten Chevrolet Corvette messen, die obendrein um mehr als 4000 Dollar billiger war! Der Wankel-Mazda RX-7, dessen Äußeres mehr als deutlich vom 924-Design inspiriert war, kostete fast die Hälfte und spielte dennoch in derselben Klasse.

Dort war der 924 nun nicht mehr Primus, sondern stand in der letzten Reihe. Nicht nur deshalb erfolgte eine weitere Aufwertung, etwa durch die serienmäßige Verwendung der achtspeichigen Leichtmetallfelgen, die bis dato nur gegen Aufpreis zu haben waren. Ansonsten gab es neben neuen Farben nur die mit Stoff bezogenen Türinnenseiten als Neuigkeiten zu vermerken, so dass die ganze Aufmerksamkeit dem neuen Top-Modell mit Turbo galt.

Ein Plus an Reife

Zum Modelljahr 1980 erhielt der 924 im Rahmen seines ersten großen Facelifts zwei Änderungen, die entgegen vieler anderer Modellpflege-Maßnahmen sofort zu erkennen waren. Schwarz eloxierte Fensterrahmen ersetzten die bisher verchromten, der Tankdeckel verbarg sich ab sofort unter einer Klappe. Für viele Käufer sicher wichtiger: Statt des Porsche-Getriebes mit fünf Gängen kam ein konventionelles Audi-Fünfganggetriebe zum Einsatz, so dass nun der 1. Gang nicht mehr links unten, sondern an gewohnter Stelle darüber lag, was die Bedienung vereinfachte. Einzig der 924 Turbo behielt die bekannte Getrag-Box, da das Audi-Getriebe dem Plus an Drehmoment nicht gewachsen war.

MIT DEM ERSCHEINEN DES TURBO ZUM MODELLJAHR 1979 WURDE DER 924 ERWACHSEN.

Die wenigen Änderungen werteten den 924 auf, ein Gefühl von Luxus blieb dennoch aus. Ab Werk blieb der 924 karg möbliert, fast schon nackt. Weite, plane Plastikflächen, drei große und drei kleine Uhren, ein paar Hebel und Schieber, ein Schaltknüppel, ein großes Lenkrad und ein Handbremshebel – der 924 wirkte immer betont aufgeräumt und leicht zu reinigen. Geruch und Innenraum ließen keinen Zweifel daran, dass hier VAG-Material drinsteckte, Schalter und Hebel knackten so dünn und trocken, dass sich jeder Audi 80-Fahrer auf Anhieb zuhause fühlte. Und trotzdem wurde der 924 im August 1979 erwachsen.

Eine Marke, drei Modellreihen: Ende 1979 zeigte sich Porsche breit aufgestellt. Der Elfer stand zwar immer noch im Vordergrund, auch auf Pressefotos, aber die vier Varianten des 924 und 928 ergänzten den Auftritt nach oben und unten.

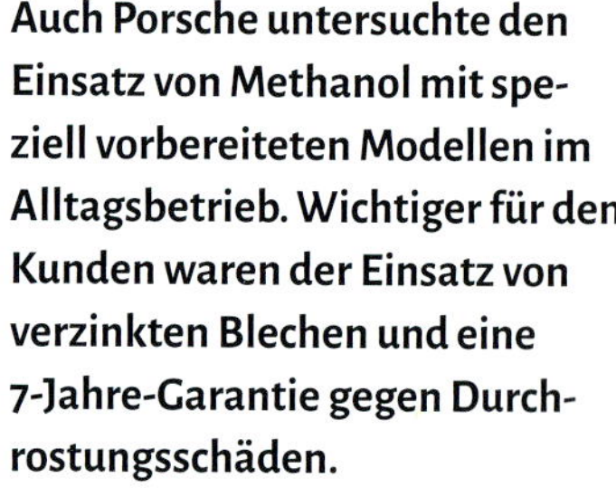

Auch Porsche untersuchte den Einsatz von Methanol mit speziell vorbereiteten Modellen im Alltagsbetrieb. Wichtiger für den Kunden waren der Einsatz von verzinkten Blechen und eine 7-Jahre-Garantie gegen Durchrostungsschäden.

Zur gleichen Zeit nahm eine Flotte von zehn 924-Testfahrzeugen den Betrieb auf, die allesamt die alternative Antriebskraft Methanol im Straßenverkehr erproben sollten. Ein Projekt mit Förderung des Bundesministeriums für Forschung und Technologie.

Für den Versuch wurden dem Benzin 15 Prozent Methanol beigemischt. Der TOP-Motor (thermodynamisch optimierter Porsche-Motor) hatte ein Verdichtungsverhältnis von 12,5:1 gegenüber 9,3:1 in der serienmäßigen Ausführung. Neu gestaltete Brennräume und eine vollelektronische Zündung komplettierten die Umbauten. Durch die höhere Verdichtung und das abgemagerte Gemisch ergaben sich günstigere Abgas- und Verbrauchswerte, die Leistung stieg auf 130 PS. Allerdings mussten die Kunststoffteile im Kraftstoffsystem ersetzt werden, da sie vom Methylalkohol angegriffen wurden.

Der 924 blieb in der Rolle des Junior-Partners und reifte gleichzeitig merklich nach. Ab 1980 gewährte Porsche eine Langzeitgarantie von sieben Jahren auf die gesamte Karosserie gegen Durchrostungsschäden (seit 1979 gab es sechs Jahre Garantie auf die verzinkte Bodengruppe), womit der Transaxle-Sportwagen Mitbewerbern deutlich voraus war.

Diese Maßnahmen machten den 924 noch attraktiver, längst hatte er sich trotz vieler zurückhaltender Prognosen am Markt etabliert und auch die anvisierte Zielgruppe stimmte: über 60 Prozent der Besitzer waren zwischen 18 und 34 Jahren alt.

Das mal beschworene, mal befürchtete Ende des 911 beschleunigte der Erfolg des Transaxle-Konzepts aber nicht. Konsequenzen hatte er dennoch. Die für ihn vorgesehen Rolle als Nachfolger des 911-Nachfolgers konnte der von Dr. Ernst Fuhrmann, geistiger Vater und Befürworter der Frontmotor-Typen, initiierte 928 nicht erfüllen, und damit besiegelte er das Schicksal seines Schöpfers. Daran konnten auch die besorgten Anrufe des Porsche-Chefs im Vertrieb, wo Fuhrmann sich wöchentlich, manchmal sogar täglich, nach der Zahl der verkauften 928 erkundigte, nichts ändern.

IM SECHSTEN JAHR SEINER PRODUKTION RISS DER 924 DIE 100.000ER-MARKE.

Turbo-Sitze mit Jeans-artigem Stoff und 924-Schriftzug (o.) blieben eine Fingerübung des Designs. Währenddessen brummte in Neckarsulm die Fertigung, ein Auto nach dem anderen passierte den Zählpunkt 8.

Erprobungsfahrten in Afrika gehörten traditionell zum Testprogramm. Zu Fahrversuchen mit dem neuen 924 Turbo in Algerien durften 1980 die Ehepartner mitreisen. Für Entwicklungs-Chef Helmuth Bott (u. M.) waren Tests eine Pflichtveranstaltung.

Vom 928 wurden 1980 nur 20, vom 911 jedoch jeden Tag 40 Exemplare gebaut. Ende des Jahres verließ Fuhrmann Porsche im gegenseitigen Einvernehmen vorzeitig in Richtung Wiener Universität. Als Nachfolger kam am 1. Januar 1981 der Deutsch-Amerikaner Peter W. Schutz, der die für 1984 geplante Beerdigung des 911 stoppte und die Order zur Weiterentwicklung ausgab. Dazu gehörten stärkere Motoren sowie eine viel beachtete Cabrio-Version des 911.

Die Personalie auf höchster Ebene hatte Auswirkungen auf den 924, dessen gerade erst beginnende Sport-Karriere von Schutz abrupt ausgebremst wurde. In Le Mans startete 1981 der 944 als Prototyp, getarnt unter der Bezeichnung 924 GTP, das Augenmerk der Sportabteilung richtete sich fortan auf die Gruppe C und den Porsche 956. Der gab 1982 mit einem Dreifach-Sieg seinen Einstand in Le Mans, doch abseits der Piste holte die Porsche-Konkurrenz merklich auf.

Dem traditionell wichtigen Export-Geschäft machte vor allem die starke D-Mark zu schaffen. Zum Modelljahr 1981 spendierte Porsche nun allen 924 serienmäßig einen Stabilisator an der Vorderachse sowie härtere Federstäbe an der Hinterachse und Blinker an den Kotflügeln. Auf Wunsch gab es für den Sauger-924 Leichtmetallfelgen im Speichen-Design des 924 turbo, allerdings aufgrund der unveränderten Bremsanlage nur mit vier statt fünf Löchern.

Während sich der 924 nur behutsam verändert präsentierte, erschien sein ältester Konkurrent, der VW Scirocco, in zweiter Generation und stellte als 110 PS starke GTI-Version mit 1.6-Liter Vierzylinder mehr als nur eine Alternative zum Porsche dar. In einem ersten Vergleichstest schlug der Volkswagen den Porsche auf Anhieb und das auch noch recht deutlich.

Punkten konnte der 924 in Sachen Fahrdynamik, seine Spitze lag höher als jene des Scirocco, auch in Kurven war er schneller. In allen anderen Belangen musste er sich dem Wolfsburger geschlagen geben, der mehr Platz und Komfort, einen kultivierteren Motor und einen um fast 7500 Mark günstigeren Einstiegspreis bot. Diese Entwicklung blieb in Zuffenhausen natürlich nicht unbemerkt, ebenso wenig wie die große Lücke zwischen 924 und dem großen Frontmotor-Modell 928.

Die sollte künftig der stärker motorisierte 944 schließen, der im Herbst 1982 debütierte. Der 944, der aussah wie ein Carrera GT im Ausgehanzug, besaß dank seines vom 928-Triebwerk abgeleiteten 2.5-Liter-Vierzlinders nun endlich jenen Stallgeruch, der dem 924 aufgrund seines VW-Audi-Triebwerks immer abgesprochen wurde. Was den 924 aber nicht daran hinderte, einen neuen Firmen-internen Rekord aufzustellen.

Nachdem nach 26 Monaten Bauzeit bereits der 50.000. Porsche 924 vom Band gelaufen war, wurde am 4. Februar 1981 bereits das 100.000. Exemplar der neuen Sportwagen-Generation gefertigt. 45.000 Stück wurden in den USA verkauft, 31.000 in Deutschland und 24.000 im Rest der Welt. Damit avancierte der 924 zum erfolgreichsten Sportwagen, den Porsche je entwickelt und gebaut hatte. Drittgrößter Markt hinter den USA und Deutschland war Großbritannien.

In der 15-jährigen Produktionszeit des 356 hatten nur 79.000 Wagen das Werk verlassen, und der 911 brauchte immerhin zwölf Jahre, um die 100.000er Marke zu erreichen. Dennoch hatte das Erscheinen des 944, dessen Produktion in Neckarsulm im Januar 1982 begann, Auswirkungen auf den Verkauf des 924. So wurde seit dem Frühjahr in den USA nur noch der 944 verkauft, der höhere Erlöse als der längst viel zu teure 924 versprach. Ebenso obsolet schien nun auch der 924 Turbo, dessen Produktion im Juli 1982 endete.

Den Heckspoiler des verblichenen Verwandten erbte kurz darauf der 924. Er gehörte nun zur Serienausstattung und war die auffälligste Änderung des neuen Modelljahrs. Die Modellpflege des 924 beschränkte sich auf Kleinigkeiten, die Innenausstattung näherte sich der des erwachseneren 944 an, Zweifarblackierungen gehörten ab sofort der Vergangenheit an.

Wer glaubte, mit dem Erscheinen des 944 wäre das Ende des 924 besiegelt gewesen, täuschte sich. Das Gegenteil war der Fall. Das Design des immerhin acht

Ferry Porsche gratuliert: Am 4. Februar 1981 lief der 100.000ste 924 vom Band und avancierte damit zum bis dato erfolgreichsten Porsche-Modell.

Zum Modelljahr 1982 erhielt der 924 auf Sonderwunsch den Heckspoiler des Turbo-Modells. Die Synchronisierung des Getriebes zeigte sich optimiert.

Anfang der achtziger Jahre glänzte der 924 mit solider Technik und hoher Fertigungs-Qualität. Auch für den Sauger gab es Leichtmetallräder im Turbo-Look (r.), wegen der alten Bremsanlage aber nur in Vierloch-Ausführung.

Jahre alten Vierzylinder-Modells zeigte sich noch immer klar und modern. Dies wurde von den Käufern ebenso honoriert wie die solide Fertigungsqualität.

1982, als bei anderen Herstellern die Marktanteile zu bröckeln begannen, legte Porsche sogar noch zu. Pro Tag wurden 21 Einheiten des 928 S, 53 des 911, fünf 911 Turbo, 64 Exemplare des neuen 944 und noch immer 40 Porsche 924 produziert. Zum letzten Mal in seiner Geschichte kam der 924 in diesem Jahr auf fünfstellige Stückzahlen – 1982 wurden insgesamt 10.091 Einheiten gebaut.

1983 fiel die Zahl jedoch dramatisch, ganze 5785 Stück verließen die Fertigung. Der erwachsenere 944 zog potenzielle Kunden in sein Lager. Natürlich tauchten immer wieder neue Konkurrenten anderer Hersteller auf, aber trotz sinkender Zulassungszahlen blieb der 924 zumeist das günstigste Angebot, zumal Luxus-Attribute des 944 langsam aber sicher ihren Weg in die kleinere Baureihe fanden.

Ab Modelljahr 1984 war das elektrische Hubdach des großen Bruders auch beim 924 zu finden, und eine noch viel wichtigere Organspende warf bereits ihren Schatten voraus. Schon seit langem war klar gewesen, dass der ohnehin nur noch tröpfelnde Strom an Audi-Motoren im Jahre 1984 ganz versiegen würde. Hinzu kamen neue Abgas-Regelungen, die das betagte Aggregat ohne starken Leistungs-Verlust nur schwerlich hätte erfüllen können. Mit dem Motor des 944 lief der 924 als S-Variante zur Bestform auf.

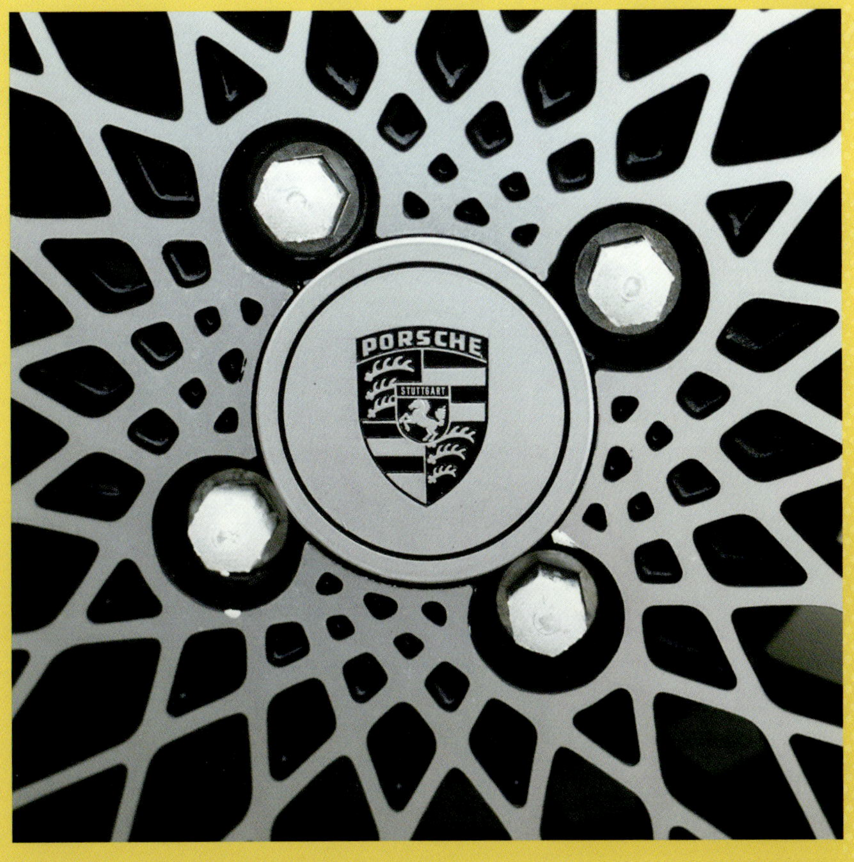
PORSCHE
STUTTGART

FREUND UND HELFER – 924 FÜR POLIZEI UND NOTARZT

Der Anfang ist offen: Viel Leistung und gute Übersicht prädestinieren 912 und 911 für den Einsatz bei der Autobahn-Polizei.

Mehr Autobahnen, mehr Autos, mehr Leistung – um im immer schnelleren und dichteren Verkehr auf Deutschlands Straßen mithalten zu können, musste die Polizei aufrüsten. 1960 stellten Nordrhein-Westfalen und Baden-Württemberg die ersten Porsche 356 B Cabrio in Dienst, ausgerüstet mit Funkgerät, Blaulicht an der A-Säule und Lautsprecher auf der rückwärtigen Motorhaube. Zur Dienstanweisung gehörte Offenfahren bei Temperaturen ab 3 Grad Celsius und Helmpflicht. Lammfellmäntel und Handschuhe hielten die Einsatzkräfte warm. Nur speziell fürs Fahren bei hohen Geschwindigkeiten ausgebildete Polizisten taten bei der Autobahnpolizei Dienst. Ab 1962 folgt die niederländische Rijkspolitie dem deutschen Vorbild und setzt auf den Schnellstraßen eine Flotte von offenen Porsche ein.

Mit dem Ende des 356 änderten sich die Einsatzfahrzeuge. 911 und 912 Targa ersetzten die Vorgänger, die wegen ihrer beengten Platzverhältnisse weniger geeigneten 914/4 und 914/6 blieben selten; aufgrund der besseren Rundumsicht waren die offenen Porsche-Modelle aber stets erste Wahl.

Auch das Bundesland Nordrhein-Westfalen gehörte zur Porsche-Kundschaft. Die Innenausstattung war immer gleich, einige Polizei-924 erhielten optionale Leichtmetallräder.

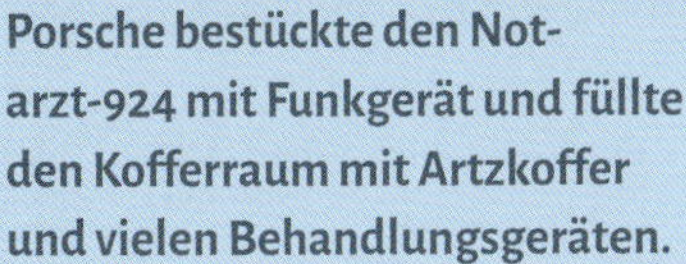

Porsche bestückte den Notarzt-924 mit Funkgerät und füllte den Kofferraum mit Artzkoffer und vielen Behandlungsgeräten.

Mit dem im September 1980 in Dienst gestellten 924 Turbo war notärztliche Hilfe noch schneller am Unfallort.

Mit dem Erscheinen des 924 ergab sich eine weitere, günstigere Alternative. Ab dem Frühjahr 1978 bot Porsche dann den 924 in Polizei-Ausführung an. Vorteil: Der Transaxle-Porsche bot mehr Platz durch einen gut nutzbaren Kofferraum und optional ein Automatikgetriebe, was die Bedienung des Funkgeräts während der Fahrt erleichterte. Nachteil: Eine offene Variante stand nicht mehr zur Verfügung.

Intern wurde der Polizei-924 als Typ 477 013 geführt und in Polizeiweiß RAL 9001 mit Motorhaube und Türen in Minzgrün RAL 6029 ausgeliefert. Sitze mit Stoff schwarz/silber und Verkleidungen aus Kunstleder, ergänzt um einen für die Verwahrung von Maschinenpistolen vorgesehenen Koffer, waren Standard.

Zur Polizeiausrüstung gehörten außerdem Blaulicht, Funkgerät-Einbauvorrichtung im Handschuhfach, Kommandolautsprecher am Abschlussblech, Tarnantenne und vier Signalhörner an der vorderen Stoßstange. Lautsprecher und Radioentstörung, ein Leuchtschild „BITTE FOLGEN" am Heckblech, zwei Innenspiegel, eine auf dem Mitteltunnel befestigte Polizeikelle, Brett und Halter für Unfallsicherung im Kofferraum, Relaisträger und ein Sonderkabelstrang gehörten ebenfalls zur Serienausstattung.

Darüber hinaus führte Porsche mehrere Extras als „Empfehlenswerte Mehrausstattung" auf: Beifahrer-Außenspiegel (M 261), Scheinwerferreinigungsanlage (M 288), Heckscheibenwischer (M 425), Nebelschlussleuchte (M 571), eine stärkere 63-Ah-Batterie (M 597) und Nebelscheinwerfer.

Am 18. Juli 1979 erhielt das Deutsche Rote Kreuz Stuttgart einen über 30.000 Mark teuren, im Werk ausgerüsteten Notarzt-Einsatzwagen. Dabei handelte es sich um einen mit Funk ausgerüsteten 924, in dessen Kofferraum Arztkoffer, Diagnose- und Behandlungsausrüstung untergebracht waren – so, wie er zukünftig auch im Leasing erhältlich sein würde. Darüber hinaus lud Porsche DRK-Fahrer zu einem Sicherheitstrainig auf dem Hockenheimring ein. Dabei sollten „die schnellen Helfer die Gelegenheit erhalten, ihr optimales Fahrzeug auch optimal beherrschen zu lernen".

Nachdem der erste Notarzt-924 seine Bewährungsprobe bestanden hatte, legten DRK und Unternehmen im September 1980 nach und stellten offiziell einen 170 PS starken 924 Turbo-Einsatzwagen in Dienst. ■

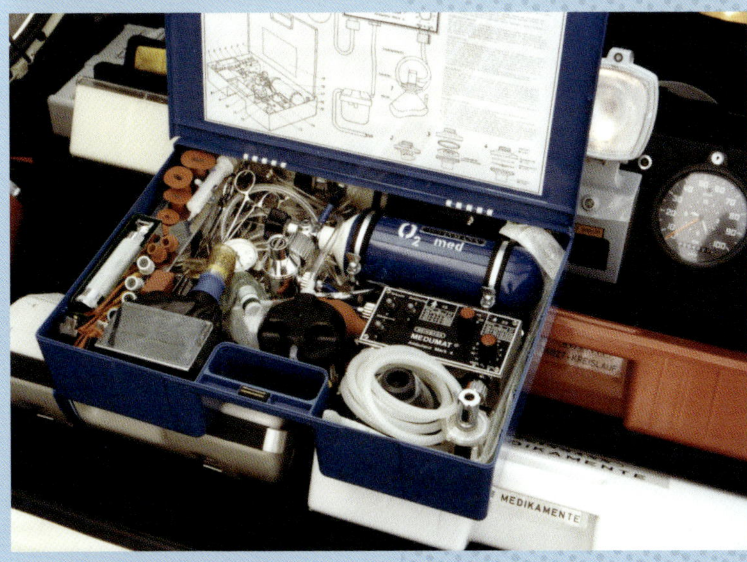

„ER IST NOCH NICHT ALS ECHTER PORSCHE ANZUSEHEN. WIR HABEN DAS DESIGN DEM 928 ANGENÄHERT.“

DAS ZWEITE GESICHT – TUNING, UMBAU UND VEREDELUNG

Die erste Adresse, die ersten am Auto. Mit dem in Eigenregie zum Photokina-Ausstellungsstück umgebauten 911 Turbo Targa in den Farben des Sponsors Polaroid gelang Rainer Buchmann die PR-Sensation des Jahres 1976 – und der Aufstieg zu einem der bekanntesten Tuner Deutschlands.

Dem Rausch der Farben und Superlative, Polaroid ließ sich das Spektakel des maßgeschneiderten, mit exklusiver HiFi-Technik versehenen Elfers 130.000 DM kosten, folgte im Jahr darauf ein ähnlich lackierter, speziell vorbereiteter 924, der 1977 gemeinsam mit 911 Turbo Targa den bb-Stand auf der IAA in Frankfurt zierte.

In einem Artikel der *Auto Zeitung* äußerte sich Rainer Buchmann skeptisch zu Form und Wesen des Serien-924: „Der 924 ist noch nicht als ein echter Porsche anzusehen. Wir haben ihn dem 928-Design angenähert." Wie der 911 Turbo Targa trug der von bb umgebaute 924 die charakteristischen Regenbogenfarben-Streifen des Sofortbild-Kameraherstellers. Kotflügelverbreiterungen (plus 60 mm pro Seite) vorne und hinten (8000 DM), 7 J x 15-BBS-Speichenräder mit Mischbereifung an Vorder- und Hinterachse (3000 DM), Frontspoiler, angepasste Seitenschweller und angesetzte Heckschürze mit einer Öffnung für vier Endrohre (900 DM) sorgten für eine eigenständige, den späteren SCCA-Rennwagen ähnliche Optik.

Zu den Veränderungen des Innenraums gehörten eine in die Mittelkonsole integrierte Telefonanlage (15.850 DM), in das Armaturenbrett verbaute Cassetten-Fächer, Leder, dunkelgrüner Langflorteppich zu Füßen und auf den Türverkleidungen in Tateinheit mit lindgrün bezogenen ASS-Sportsitzen und Notsitzen in der gleichen Farbe (6500 DM).

Im Preis von 75.000 Mark für den Prototypen war ein mit schärferer Nockenwelle auf 135 PS getunter Motor (3000 DM) avisiert, aber ein getunter 924 zum Preis eines neuen 911 Turbo überstieg selbst die Vorstellungskraft der zahlungskräftigen, auf Abstand zur Masse bedachten bb-Kundschaft. Nur drei oder vier bb 924 in unterschiedlichen Ausbaustufen entstanden.

Der Umstand, dass es sich bei dem neuen Porsche 924 um ein nach klassischem Vorbild konstruiertes Fahrzeug mit vorne liegendem Motor handelte, bot deutlich mehr Umbau-Möglichkeiten, als es beim 911 der Fall war. Nach Vorbild des eigenen Sciwago, eines Shooting Brake auf VW-Scirocco-Basis, baute Günter Artz aus Hannover den 924 Turbo zum Sport-Kombi um. 20 Einheiten – Aufpreis zum Serienfahrzeug: 20.000 Mark – des 924 Turbo Kombi sollen entstanden sein.

Noch stärker als Artz betonte die Firma Schulz Tuning aus Korschenbroich am Niederrhein die praktischen Seiten des Transaxle-Sportwagens. Zum Preis von 18.000 Mark baute der als Hersteller geführte Betrieb einen angelieferten 924 oder 944 zum Pick-Up um. Zum Aufpreis von 3900 Mark lieferte Schulz Tuning ein Hardtop, das die ursprüngliche Form des „Nutzfahrzeugs mit Niveau" wieder herstellte.

Bieber in Borken und Hoffmann Automobildesign aus Kulmbach setzten auf Cabrio-Umbauten. 18.000 Mark betrugen die Kosten für die Verwandlung eines serienmäßigen 924 Coupé zum Cabrio nach System Hoffmann, Kosten für ein geändertes Armaturenbrett, Sportfahrwerk oder einen veredelten Innenraum kamen extra. Nach dem Auslaufen der eigenen Cabrio-Fertigung bot Bieber noch Mitte der neunziger Jahre Umbausätze für 924 und 944 an, Umbauanleitung auf Video inklusive. 4950 Mark kostete der Bausatz mit Faltverdeck, für 1000 Mark übernahm Bieber den Rohumbau. ■

Porsche 924 Turbo
Transaxle für Sportfahrer

Seit 1977 war vieles anders und neu: Erstmals in der Unternehmensgeschichte gab es bei Porsche drei Baureihen straßenzugelassener Sportwagen, die sich in Form und Motorisierung grundlegend voneinander unterschieden. Mit dem Erscheinen des neuen 928, der parallel zum 911 die Modellpalette signifikant erweiterte, wurde der Abstand zwischen Spitze und Einstieg jedoch noch größer.

Porsche ging das Thema von unten an. Der 924 Turbo, 170 PS stark und beachtliche 225 km/h schnell, schloss mit Beginn des Modelljahres 1979 die Lücke zwischen der noch immer mit 125 PS versehenen Basis-Version und dem 911 SC, dessen Dreiliter-Sechszylinder 180 PS leistete, sowie dem 240 PS starken 928 mit 4,5-Liter-V8-Motor.

Die Kombination Porsche und Aufladung war zum Zeitpunkt der 924 Turbo-Präsentation noch keine zehn Jahre alt. Ihre Geburtsstunde hatte sie im Rennsport erlebt. Um der aufholenden Konkurrenz entgegenzutreten, war der Hubraum des 1970 und 1971 in der Marken-WM siegreichen 917 von 4,5 auf 5,0 und 5,4 Liter Hubraum vergrößert worden. Nach Auslaufen der Homologation in der Sportwagen-Weltmeisterschaft wanderte Porsche mit dem 917 in die kanadisch-amerikanische (CanAm) Meisterschaft aus, wo die filigranen Zwölfzylinder-Saugmotoren den massiven Achtliter-Big-Blocks der Amerikaner aber unterlegen waren.

Gleichzeitig wurde in der Zuffenhausener Rennabteilung der Ingenieur Valentin Schäffer von seinen Vorgesetzten Ferdinand Piëch und Helmuth Bott mit der streng geheimen Entwicklung eines turboaufgeladenen 911 betraut, der bei den Tourenwagen siegen sollte. Da ein 917-Versuchsträger mit 16-Zylinder-Motor nicht die gewünschten Ergebnisse brachte, erhielt Schäffer den Auftrag, bei der Firma Eberspächer passende Turbolader zu besorgen.

Die Antwort auf die Frage, wie viel PS generiert werden sollten, beantworte Schäffer lapidar mit „1000" – am Ende lieferte der 917/30 standfeste 1100 Turbo-PS und gewann 1972 und 1973 die CanAm-Meisterschaft. 1973 lief dann auch der erste 911 mit aufgeladenem 2,7-Liter-Motor, bis zur Vorstellung des ersten 911 Turbo dauerte es nur noch ein Jahr. Mit dem daraus entwickelten 935 gewann Porsche 1977 und 1978 die Markenweltmeisterschaft.

Der Weg aus Groß- und Rennserie zum 924 war also nicht weit, und die Titelverteidigung in der Marken-WM kam der Vorstellung des 924 Turbo wie gerufen.

Der neue Porsche 924 Turbo bedient sich der im Rennsport und beim 911 Turbo in der Serie erprobten Technik, die heute zur Erreichung hoher Motorleistung vorgezogen wird – der Abgasturboaufladung", schickte Porsche in einer Presse-Mitteilung voraus.

DER TURBO SCHLOSS DIE LÜCKE
ZWISCHEN 924 UND 911 SC.

Dem Fahrwerk hatten schon viele Tester bescheinigt, dass es mehr Leistung vertragen könne als die gebotenen 125 PS. Somit war der 924 Turbo nur eine logische Verbindung vorhandener Technologien. „Keine Frage, dass mit dem Turbo-Motor erst die in der 924-Konzeption steckenden Reserven mobilisiert werden", schrieb Reinhard Seiffert im *Christophorus*.

Von außen war die aufgeladene Version – bei Porsche als Typ 931 vermerkt, die rechtsgelenkten Versionen erhielten die Nummer 932 – sofort an den zusätzlichen NACA-Atemlöchern in der Motorhaube zu erkennen. Die Fünfloch-Leichtmetallräder im Speichen-Design, deren größerer 15-Zoll-Radius drehzahlsenkend wirkte und den Einbau einer leistungsfähigeren Bremsanlage erlaubte, waren ebenso serienmäßig wie der schwarze, umlaufende Heckspoiler aus Polyurethan, der gemeinsam mit einer Stirnfläche von 1,79 m^2 für einen c_W-Wert von 0,35 sorgte.

„Keine Frage, dass mit dem Turbo-Motor erst die in der 924-Konzeption steckenden Reserven mobilisiert werden."

Laut Porsche war es nicht konsequent, „die Hochleistungscharakteristik des 924 Turbo durch aufdringliche, luftwiderstandserhöhende Änderungen herzustellen", aber die neue 924-Variante fiel dennoch auf. Auf den ersten Blick wirkte der mit Spoilern, Speichenrädern und den häufig georderten Zweifarben-Lackierungen ausgerüstete Turbo wie ein optisch überreizter 924, beim zweiten Hinsehen entpuppte er sich als ein feines, anspruchsvolles Stück Technik, als der perfekte Transaxle-Wagen für echte Sportfahrer.

Die größten Änderungen hatte durch die Umrüstung von Sauger zu Turbo der multipel verwendbare Motor EA 831 erfahren, der nun vor dem Einbau am Band in Neckarsulm auf einer eigenen Fertigungslinie in Zuffenhausen montiert und getestet wurde. Eigentlich blieb nur der Block unberührt, während alle übrigen Komponenten Änderungen erfahren hatten. Der neue Zylinderkopf bestand aus einer neuen Aluminium-Legierung mit Silizium-Anteilen, abgestimmt auf die hohen Temperaturen eines Turbomotors. Der Brennraum war neu gestaltet und die Verdichtung von 9,3:1 beim Saugmotor auf 7,5:1 zurückgenommen worden. Zurückgesetzte und am Auslass um drei Millimeter vergrößerte Ventile sowie an die Ansaugseite verlegte Platin-Zündkerzen ermöglichten einen an die Turbo-typischen Verhältnisse angepassten Verbrennungsablauf.

Den Lader des Typs KKK 26 platzierten die Ingenieure um Projektleiter Jochen Freund so nah wie möglich am Auspuffkrümmer auf der Beifahrerseite und leiteten die Ladeluft quer über den Motor zur Ansaugseite. Weil sich dadurch die Platzverhältnisse im Motorraum änderten, mussten die Lichtmaschine und der Motor für die Klappscheinwerfer verlegt werden.

Wartungsfreie Transistor-Zündung, angepasste K-Jetronic, zwei Benzinpumpen statt einer wie beim normalen 924 und eine von 5,0 auf 5,5 Liter vergrößerte Ölmenge ergänzten die umfangreichen Umbaumaßnahmen. Die resultierten in einer um 36 Prozent gestiegenen Literleistung. 170 PS bei 5500/min blies der mit einem Druck von 0,7 bar arbeitende KKK-Lader dem Zweiliter-Vierzylinder ein.

Überschüssigen Druck auf der Abgasseite entließ ein Wastegate-Ventil unter Umgehung der Turbine in den Auspuff, wodurch der Ladedruck konstant blieb. Druckstößen bei plötzlicher Gaswegnahme wirkte Porsche mit einem Umluftventil entgegen, das die Luft im System zirkulieren ließ.

Das Drehmoment, 165 Nm bei 3500/min beim Sauger, war auf 245 Nm bei gleicher Drehzahl gestiegen. Mehr Leistung und Drehmoment machten eine größere Kupplung (225 Millimeter) und eine 25 statt 20 Millimeter starke Antriebswelle notwendig, die dank größerer Biegesteifigkeit nur noch in drei statt in vier Lagern lief.

Inklusive aller Nebenaggregate wog der 165 kg schwere Turbo-Motor mit der Typen-Nummer M31/01 satte 29 kg mehr als das alte XK 047/8-Aggregat der Basis, was Änderungen an der Vorderachs-Federung nach sich zog. Achswellen, Radlager und Getriebe wurden der gestiegenen Leistung angepasst, ebenso die Bremsanlage, die nun über einen 9 statt 7 Zoll großen Bremskraftverstärker und vier innenbelüftete Scheibenbremsen verfügte, die der 924 Turbo von 911 (vorne) und 928

Die Liste der technischen Modifikationen war lang. Zur Aufladung diente ein Turbolader vom Modell KKK 26, zur Besonderheit des Turbo-Getriebes zählte das hinter dem Räderwerk platzierte Differenzial (M. r.). Fahrwerksteile und Bremsanlage stammten zu großen Teilen vom 911 und 928.

BB-JJ 907

TECHNIK

LUFT FÜR LEISTUNG – DER NACA-EINLASS

Die Idee stammte aus der Luftfahrt: Für Auspuffkrümmer und Turbolader, die sich im Volllastbetrieb und bei Lader-Drehzahlen von 90.000/min auf mehr als 800 Grad Celsius aufheizen konnten, musste neben einem weiteren Ölkühler im Hauptstrom eine Zusatzkühlung geschaffen werden, ohne den geringen Luftwiderstandsbeiwert der glatten Urform negativ zu beeinflussen. Porsche bediente sich deshalb, neben den Kühlschlitzen im Frontspoiler und den vier rechteckigen Öffnungen in der Frontmaske, des NACA-Einlasses (National Advisory Council for Aerodynamics). Der zog Heißluft aus dem Motorraum und war auch schon bei anderen Fahrzeugen wie dem Lamborghini Espada zur Belüftung des Innenraums zum Einsatz gekommen.

In Verbindung mit einem bespoilerten Abdeckblech unter dem nun prall gefüllten Motorraum wurde beim 924 Turbo ein Unterdruck erzeugt, der die Zirkulation verbesserte und das Turbo-Aggregat mit dem Kühlsystem der Sauger-Variante auskommen ließ. Während bei Fahrt Kühlluft einströmt, diente der NACA-Einlass im Stand als Kamin, durch den heiße Luft aus dem Motorraum abgeführt wurde, was sich an der Ampel optisch durch Hitze-Flimmern über dem Einlass bemerkbar machte. ■

(hinten) übernahm. Die Handbremse wirkte auf separate Trommeln an der Hinterachse, was die Hinterachsspur um 20 mm vergrößerte.

6Jx15-Fünflochfelgen auf 911-Radnaben unterschieden den Turbo vom Sauger, Stabilisatoren an Vorder- (23 mm) und Hinterachse (14 mm) waren serienmäßig, und auf Wunsch lieferte Porsche straffere Stoßdämpfer. Ein der Leistung angepasstes Fünfganggetriebe gehörte zum Lieferumfang, die bekannte Dreigang-Automatik war für die Turbo-Version nicht vorgesehen.

Im Innenraum hatte der 924 Turbo zur Enttäuschung Vieler leider nur wenig Glanz zugelegt, einzig das Dreispeichen-Lenkrad hatte das Topmodell der kleinen Transaxle-Baureihe vom 911 übernommen. Ein mit Leder bezogener Schalthebel und Teppich an der Mittelkonsole waren Standard, statt weißer Ziffern trug der 924 Turbo Skalen in auffälligem Grün, der Tacho reichte bis 260 km/h – die prestigeträchtige Zahl 300 blieb dem aufgeladenen Elfer vorbehalten.

Die ersten 924 Turbo wurden mit schwarz eloxierten Zierleisten an den Fenstern und wahlweise mit Zweifarben-Lackierung sowie Sitzen mit Mittelstreifen in Schottenkaro-Stoff ausgeliefert – Aufmerksamkeit war ihnen gewiss. „Zweifler werden bei Porsche mit dem Hinweis beruhigt, dass der 924 Turbo auch einfarbig geliefert werden kann – ohne Aufpreis“, beruhigte Gert Hack die *ams*-Leser nach dem ersten Test.

Das Werk zielte auch auf 911-Kunden

Zeigten sich schon die Größen-Unterschiede bei der Leistung nahezu eingeebnet – mit 170 PS wahrte der 924 Turbo einen kleinen Abstand von 10 PS auf den Elfer – fand sich der 924 Turbo jetzt auch preislich mit dem SC nahezu auf Augenhöhe. Durchaus gewollt: Das Werk zielte auch auf 911-Kunden. In den USA, wo im KKK-Lader kleinere Turbinen- und Kompressorräder zum Einsatz kamen und der Ladedruck auf 0,4 bar reduziert war, leistete der 924 Turbo, bei Verwendung von Normalbenzin, nur 145 PS bei 5500/min.

39.480 Mark verlangte Porsche in Deutschland für das zweite Turbo-Modell im Programm, nur 3470 Mark mehr kostete ein 911 SC mit Dreiliter-Sechszylinder und 180 PS! „Porsche-Sportlichkeit hat ihren Preis, muss ihren Preis haben, wenn sie

Die Speichenräder waren anfangs dem Turbo vorbehalten. Der Fünfer-Lochkreis unterschied sie von den später auch für den Sauger angebotenen Felgen.

Die Zweifarb-Lackierung war typisch für den frühen 924 Turbo, traf aber nicht jedermanns Geschmack. Darüber hinaus bot Porsche auch monochrome Modelle an.

ernst genommen werden will", betonte Vertriebs-Vorstand Lars R. Schmidt bei der Händler-Vorstellung und empfahl, vom Bekehren überzeugter SC-Fahrer abzusehen.

Über 12.000 Mark betrug der Unterschied zum 924 mit Saugmotor – viel Geld für einen Zuschlag von 45 PS. In diesen Preis-Regionen sah sich der 924 Turbo solch unterschiedlichen Konkurrenten wie Renault Alpine A 310, Mercedes 280 SL und Opel Monza 3.0 gegenüber. Auch BMW 528 i und 630 CS, Lancia Gamma Coupé und Lotus Esprit untersuchte Porsche im direkten Wettbewerb. „Sicherlich wird mit diesem die Aufsteigemöglichkeit der 924-Fahrer limitiert, dem echten Aufsteiger aber die Exklusivität gesichert und der umsteigende 911-Fahrer riskiert keinen (sozialen) Abstieg", so Schmidt.

Porsche vermarktete den 924 ähnlich dem 911 Turbo als „vernünftige Fahrmaschine", als Angebot an Kunden, die keinen Elfer kaufen wollten oder konnten. Wer brauchte also noch einen 911, wenn der alltagstauglichere 924 Turbo doch ohnehin alles gleich gut oder sogar besser konnte, fragte die Presse. Von oben keilte der 928, von unten holte der 924 Turbo auf – das Ende des 911 schien für Götz Leyrer von *auto, motor und sport* unausweichlich. „Dass das so ist – daran können alle Dementis aus dem Hause Porsche nichts ändern. Denn in Form des 924 Turbo, der fast genauso viel kostet wie der Elfer, steht bereits ein Nachfolger bereit, und außerdem gibt es auch noch den Achtzylinder-928, der zwar ein gutes Stück teurer ist als seine kleineren Brüder, sich aber – nicht nur was die Fahrleistungen angeht – durchaus mit ihnen vergleichen lässt."

Mit einer Höchstgeschwindigkeit von 225 km/h und einem Sprint von 0 auf 100 in 7,8 Sekunden spielte der 924 Turbo in der gleichen Liga, war eben ein vollwertiger Sportwagen, wie im direkten Vergleich der drei ungleichen Brüder 924 Turbo, 911 SC und 928 bewiesen werden konnte.

Dort lief er dem Rest des Feldes davon. Mit einer Spitze von fast 230 km/h distanzierte der aufgeladene Zweiliter die beiden nominell stärkeren Verwandten und belegte beim Spurt von 0 auf 100 km/h – fleißiges Schalten vorausgesetzt, denn ohne den Lader unter Druck zu halten, tat sich kaum etwas – den zweiten Platz

Schottenkaro-Muster auf Sitzen und an den Türen gehörten zu Beginn beim 924 Turbo zur Serienausstattung, ebenso ein hoch aufragender Schaltknüppel mit Lederbezug. Die Öffnung in der Motorhaube diente zur Be- und Entlüftung des Motorraums. Die Turbo-Version unterschied sich vom 924-Sauger durch Instrumente mit grünen Ziffern, der Tacho reichte bis 260 km/h.

DER ZUSCHLAG VON 45 PS KOSTETE 12.000 MARK AUFPREIS.

hinter dem SC. Im Slalom zeigte er sich mitunter ähnlich anspruchsvoll wie der Elfer: Beim plötzlichen Einsetzen des Laders wurde aus gemäßigtem Untersteuern blitzartig Übersteuern.

Und noch etwas sorgte für Unruhe: der Benzinverbrauch! 17,7 Liter Super konsumierte der 924 Turbo im Verlauf des Tests, was den Radius des Porsche aufgrund des nur 63 Liter fassenden Tanks auf 350 Kilometer beschränkte.

Hinzu kamen Probleme mit der Turbo-Technik. Der Lader aus dem Hause Kühnle, Kopp & Kausch (KKK) in Frankenthal war für Lkw-Motoren entwickelt worden und nahm Kurzstreckenverkehr mit ständigem Erhitzen und Abkühlen sowie sorglosen Umgang durch sofortiges Abstellen nach schneller Fahrt übel. Im Alltag fiel er dann durch lautes Scheppern auf – oder durch Total-Ausfall.

Gründe für die mitunter kapitalen Schäden waren unter anderem Fertigungstoleranzen, die bei der Produktion des Umluftventils auftraten, sowie Ölablagerungen, die für kräftiges Bläuen des Turbo sorgten und die Abdichtungen des Turbinen-Hauses zerstörten. All diese Probleme bekam Porsche in den Griff und präsentierte im Herbst 1980 eine grundlegend überarbeitete, jetzt 177 PS starke Version des 924 Turbo.

Bis dahin hatte der die ihn gesetzten Erwartungen nicht erfüllt: Nur 7136 Einheiten waren im ersten Baujahr verkauft worden. Die Modellpflege zum Modelljahr 1979 fiel mit einem von innen verstellbaren Außenspiegel auf der Fahrerseite, neuen Farben, elektrischen Fensterhebern und Nebelschlussleuchte ab Werk mar-

„Porsche-Sportlichkeit hat ihren Preis, muss ihren Preis haben, wenn sie ernst genommen werden will."

Was steckt drin im neuen 924 Turbo? Der Hersteller bediente sich großer Schauwände, um die Technik des ersten Transaxle-Modells mit Aufladung transparent zu machen. So ließ sich auch besser der hohe Preis erklären.

ginal aus. Image und Preis standen einem größeren Erfolg im Weg. Der potente Zweiliter und die Fahrleistungen konnten sich sehen lassen, aber mit seiner funktionalen Figur, den Volkwagen-Genen und teuer ausgepreist war der 924 Turbo weder Fisch noch Fleisch.

Ihm fehlte die Faszination der anderen Zuffenhausener Modelle. Zumal Entwicklungs-Vorstand Helmuth Bott betonte, dass „Porsche nicht den Turbo des kleinen Mannes bauen kann", eine Preissenkung demnach nicht in Sicht war. Es blieb trotz all des Aufwands bei vielen Fahrern der Eindruck, eben „nur" in einem 924 zu sitzen.

Mehr Leistung und Reife

Mit mehr Leistung und einem gestiegenen Listenpreis von 41.980 Mark ging der 924 Turbo zum Modelljahr 1981 in die zweite Runde. Technischer Entwicklungshelfer war der praktisch gleichzeitig präsentierte 924 Carrera GT, der wiederum eine Weiterentwicklung des 924 Turbo war.

Neben kleinen Neuerungen wie mit Teppich verkleideten Türtaschen, einer von 35 auf 75 kg erhöhten Dachlast und einem Porsche-Wappen auf dem Handschuhfach-Schloss nahmen sich die Änderungen am Motor sehr viel umfassender aus. 177 PS leistete das Aggregat, das maximale Drehmoment war um 5 auf 250 Nm bei 3500/min gestiegen. Nur 7,7 Sekunden brauchte der Turbo für den Sprint von 0 auf 100 und erreichte eine Spitze von beeindruckenden 230 km/h. Ein kleinerer Lader sorgte für spontaneres Ansprechen und gewachsene Drehfreude. Porsche betonte, dass es sich beim neuen Turbo um den leistungsfähigsten Zweiliter-Sportwagen der Welt handelte.

Es gab gute Nachrichten. Die Leistungssteigerung ging mit einem um 13 Prozent gesunkenen Verbrauch einher, der laut Hersteller nun im Schnitt bei knapp neun Liter Super lag. Alles Vorzüge, die sich durch das komplett überarbeitete

„Porsche kann nicht den Turbo des kleinen Mannes bauen."

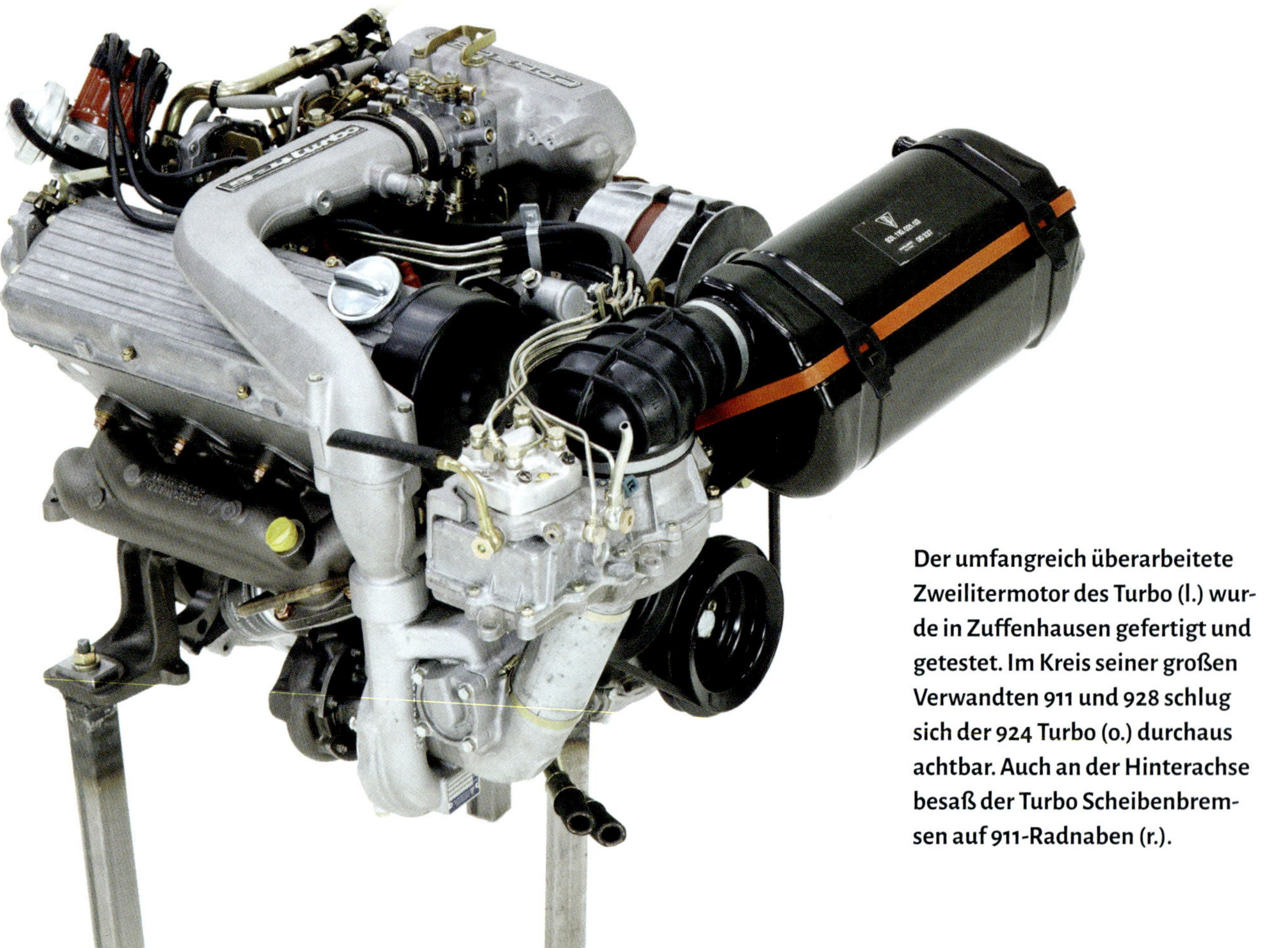

Der umfangreich überarbeitete Zweilitermotor des Turbo (l.) wurde in Zuffenhausen gefertigt und getestet. Im Kreis seiner großen Verwandten 911 und 928 schlug sich der 924 Turbo (o.) durchaus achtbar. Auch an der Hinterachse besaß der Turbo Scheibenbremsen auf 911-Radnaben (r.).

Als Tennis-Wunderkind Tracy Austin 1980 das von Porsche gesponsorte Turnier von Filderstadt gewann und neben dem Preisgeld auch einen 924 Turbo mit nach Hause nehmen konnte, hatte die 16-jährige US-Amerikanerin noch gar keinen Führerschein.

Antriebsaggregat ergaben. Eine Zündanlage mit digitaler Zündzeitpunkt-Verstellung (DZV) ließ den Motor unter allen Bedingungen mit dem verbrauchs- und leistungsgünstigsten Zündzeitpunkt fahren.

Dies ermöglichte ein Anheben des Verdichtungsverhältnisses von 7,5:1 auf den für einen Turbomotor hohen Wert von 8,5:1. Ein Computer ermittelte aus Drehzahl, Ladedruck und Ladelufttemperatur den jeweils optimalen Zündzeitpunkt, während durch Stabilisierung des Leerlaufs und die thermische Entlastung des Motors Treibstoff gespart werden konnte.

Von den angegebenen Verbrauchswerten war der neue 924 Turbo weit entfernt, allerdings benötigte er im Test nur noch knapp 14 Liter – kein anderes Auto fuhr so sparsam so schnell. Durch einen größeren 84-Liter-Tank erweiterte sich der Aktionsradius beträchtlich. Es dauerte nicht lang, da gingen die Langstrecken-Spezialisten Rudi Lins und Gerhard Plattner wieder auf Tour.

Dieses Mal stand eine Rekordfahrt auf dem Programm. Auf der Rennstrecke von Nardo in Süditalien nahmen die beiden Österreicher, unterstützt vom dritten Mann Rolf Hannes, mit einem serienmäßigen 924 Turbo den Kampf gegen die Uhr auf. In 24 Stunden legten sie 5111,41 Kilometer zurück, was einer Durchschnittsgeschwindigkeit von 212,98 km/h entsprach. Dem Le-Mans-Sieger von 1980 hatte ein Schnitt von 192 km/h zum Sieg gereicht!

Unterbrochen wurde die Rekordfahrt nur durch Fahrerwechsel und Tankpausen. Umbauten im Vorfeld, Reifenwechsel oder Defekte? Keine! Anschließend fuhren Lins und Plattner mit demselben Auto heim nach Salzburg und notierten bei einem Schnitt von 101,4 km/h einen Durchschnittsverbrauch von 6,97 Litern.

Während der Verkauf des 924 Turbo zum Ende des Jahres 1982 im Inland und auf anderen Märkten zugunsten des neuen 944 eingestellt wurde, lief die Produktion für den italienischen Ausnahme-Markt weiter. Weil dort für Fahrzeuge mit mehr als zwei Litern Hubraum eine Luxus-Steuer fällig wurde, bot Porsche weiterhin den 924 Turbo anstelle des 944 mit 2,5-Liter-Saugmotor an.

Erst 1984 kam für den 924 das endgültige Aus. Die 88 letzten Exemplare erhielten eine Lackierung in Zermatt-Silber, und auch die Variante für den Motorsport, der 924 Carrera GT, konnte dem Straßen-Turbo keinen Schub mehr verleihen. Nach nur 5291 Exemplaren war das zweite Leben des Turbo an seinem Ende angekommen.

Nach nur zwei Jahren am Markt zeigte sich der 924 Turbo der zweiten Serie stark überarbeitet und lieferte 177 PS. Für den italienischen Markt blieb er noch bis 1984 im Programm.

Porsche 924 Carrera GT und GTS
Potenzial eines Rennwagens

Parallel zur schrittweisen Optimierung des 924 und der Evolution des 924 Turbo verschob Porsche mit der Vorstellung der nächsten Ausbaustufe den Schwerpunkt der Baureihe in Richtung Sport und adelte sie mit einem großen Namen: Carrera. Als erster Vertreter der Transaxle-Linie durfte der 924 Carrera GT exemplarisch aufzeigen, welch sportliches Potenzial in der Vierzylinder-Baureihe steckte.

Die Akzeptanz eines betont dynamisch ausgelegten Modells hatte Porsche 1979 auf der IAA erkundet, wo ein strahlend weißer 924-Prototyp mit auffälligen Karosserie-Verbreiterungen und rotem Interieur einen Ausblick auf die sportliche Zukunft der Baureihe gegeben hatte. Die Rücksitzbank fehlte, in der ersten Reihe waren Sportschalensitze mit Hosenträgergurten verbaut. Dass hier ein Ausblick auf eine dritte Frontmotor-Baureihe neben 924 und 928 gegeben wurde, die einmal die Ziffernfolge 944 tragen würde, konnte noch niemand ahnen.

Die Basis der Studie stellte der 924 Turbo, mit der Weiterentwicklung war es Porsche ernst gewesen: Der neue 924 sollte kein Showcar, sondern ein ausgewiesenes Sportgerät sein. „Komfort reduziert, Leistung erhöht", vermeldete Porsche. Mehr als eine Ahnung war das Einsatzgebiet des 924 GT, der seinen großen, dem Rennsport verpflichteten Namen in roter Schrift auf den ausgestellten Kotflügeln trug: Carrera.

Einen Porsche Carrera gab es nur alle Jubeljahre, wie Prof. Ernst Fuhrmann betonte: „Carrera ist bei uns ein kostbarer Name, den wir nur ganz selten zur Taufe freigeben." Für Entwicklungschef Helmuth Bott begann „mit diesem Fahrzeug ein neues Kapitel Serien-Sportgeschichte unseres Hauses".

210 PS aus unverändert zwei Litern Hubraum lauteten die Eckdaten des mit einem Ladeluftkühler versehenen Motors. Das Werk versprach eine Beschleunigung von unter sieben Sekunden und eine Höchstgeschwindigkeit von 240 km/h. Schon in den ersten Unterlagen wurden Rennsport-taugliche Reifen-Formate angeboten, der Gewichtsvorteil der Studie im Vergleich zur Ausgangsbasis betrug 150 Kilogramm.

Bereits im Juni 1980 stellte Porsche den ab Herbst lieferbaren, „straßengängigen" 924 Carrera GT im Entwicklungszentrum Weissach der Öffentlichkeit vor. „Zu den Traditionen des Hauses gehört es, seinen Kunden Wettbewerbs-Fahrzeuge anzubieten", begründete Porsche den ersten Schritt, der zum Typ 937 führte, und nannte als ideelle Vorläufer 356 Carrera Abarth, 904 GTS und 911 Carrera RS 2.7. Rechtslenker, von denen 75 Stück gebaut wurden, firmierten als Typ 938.

Die Rennversion 924 Carrera GTP (Typ 939) hatte zwei Wochen zuvor beim Rennen in Le Mans „im Rahmen eines technischen Entwicklungsprogramms" ihr

Herzstück des 924 Carrera GT war der 210 PS starke Turbomotor. Die sichtbarste Änderung war der auf dem Motor montierte Ladeluftkühler, der den Füllungsgrad des Triebwerks um 15 Prozent verbesserte.

406 EXEMPLARE WURDEN GEBAUT. DAMIT WAR DER CARRERA GT FÜR DIE GRUPPE 4 HOMOLOGIERT.

„ZU DEN TRADITIONEN DES HAUSES GEHÖRT ES, SEINEN KUNDEN WETTBEWERBS-FAHRZEUGE ANZUBIETEN.“

Die Styling-Studie, entworfen vom Design-Team um Anatole Lapine (6. v. r.), debütierte auf der IAA 1979 und gab einen Ausblick auf den späteren 944. Die Gestaltung des Innenraums drehte in den tiefroten Bereich.

Debüt gegeben. Die drei Wagen der „Nationalteams" Deutschland, Großbritannien und USA waren auf den respektablen Plätzen 6, 12 und 13 ins Ziel gekommen.

Natürlich unterschied sich die Le-Mans-Version drastisch vom 924 Carrera GT und noch mehr vom schlanken Urentwurf. Sowohl die kantigen Kotflügelverbreiterungen, von Design-Chef Anatole Lapine unwirsch als „optische Krücken" bezeichnet, als auch Front- und Heckschürze bestanden aus glasfaserverstärktem Polyurethan, Motorhaube und Türen waren aus Aluminium gefertigt. „Der 924 steht mit diesen Krücken besser da als ohne", schrieb *ams*-Redakteur Norbert Haug nach einer ersten Testfahrt.

Wie die Bug- und Heckpartie des 928, wo Polyurethan erstmals in der Porsche-Großserie zum Einsatz gekommen war, waren die Kotflügelverbreiterungen leicht und flexibel. Zwei Kilogramm Gewicht konnten pro Kotflügel eingespart werden, leichte Karambolagen hinterließen keine Spuren. Dünnblech an nicht tragenden Karosserieteilen, ein Transaxle-Rohr aus Leichtmetall sowie Dünnglas-Scheiben ergänzten die Leichtbau-Maßnahmen, der Heckspoiler war größer ausgefallen.

Vorne lag der 924 Carrera GT um zehn, hinten 15 mm tiefer. Trotz der vergrößerten Stirnfläche gelang es den Ingenieuren um Projektleiter Rainer Wüst, den Luftwiderstandsbeiwert von 0,34 beizubehalten.

Dank höherer Verdichtung, eines größeren Laders sowie Ladeluftkühlung – die große Hutze auf der Motorhaube lenkte Luft zum Ladeluftkühler – und DZV-Transistor-Zündanlage leistete der Motor des 924 Carrera GT 40 PS mehr als das Serien-Aggregat des 924 Turbo. Der Ladeluftkühler kühlte die verdichtete und somit aufgeheizte Ladeluft um mehr als 50 Grad Celsius ab, wodurch sich der Füllungsgrad des Motors um 15 Prozent verbesserte. Im Luftstrom vor dem Wasserkühler war im Wagenbug ein zusätzlicher Ölkühler verbaut.

Die Digitale Zündzeitpunkt-Verstellung (DZV) hatte es möglich gemacht, eine für einen Turbomotor ungewöhnlich hohe Verdichtung von 8,5:1 zu wählen, auch Kurbelwelle und Zylinderkopf wurden modifiziert und dem höheren Druck angepasst. 210 PS lagen bei 6000/min an, das maximale Drehmoment betrug 280 Nm bei 3500/min. Bei einem Gewicht von 1180 Kilogramm erreichte der Carrera GT eine Höchstgeschwindigkeit von 240 km/h, 6,9 Sekunden vergingen beim Sprint von 0 auf 100 km/h.

Auf den Motor waren die Entwickler besonders stolz: Mit einer Literleistung von 106 PS/Liter besaß der 924 Carrera GT den höchsten Wert, der zur Zeit seines Erscheinens in einem Straßenauto erhältlich war. „Der 924 Carrera GT ist ein vollwertiges ´Alltagsfahrzeug´. Die Haltbarkeit wurde wie bei allen Serienfahrzeugen durch entsprechende Straßen- und Prüfstandsdauerläufe getestet." Den Normverbrauch gab Porsche mit optimistischen 9,1 Litern Super an.

Kleine Serie mit großem Zulauf

Kraftübertragung und Fahrwerk des 924 Carrera GT zeigten sich mit einer verstärkten Synchronisierung des Getriebes, der komplett vom 911 übernommenen Kupplung und vier innenbelüfteten Scheibenbremsen – Öffnungen im Frontspoiler leiteten Kühlluft zu den Bremsen der Vorderachse – der gestiegenen Leistung angepasst. Ein Sperrdifferenzial sowie härtere Federn in Kombination mit Bilstein-Gasdruck-Dämpfern gehörten zum Carrera-Paket. Die Federn waren vorne gekürzt, Spurstangengelenke verstärkt und massivere Stabilisatoren (23 mm vorn, 16 mm hinten) an Vorder- und Hinterachse verbaut worden. Distanzscheiben an der Hinterachse, verstärkte Antriebswellen und Hinterachslenker addierten sich hinzu.

Im Vergleich zum IAA-Ausstellungsstück war der Innenraum optisch entschärft und dem Einsatz im Alltag angepasst worden. Anstelle grellen Rots und eines Lenkrads mit sündig anmutendem Reißverschluss auf der Prallplatte trug das Serienmodell roten Nadelstreif auf schwarzem Grund mit zugreifenden Sportsitzen. Statt der beim Turbo oft nur schlecht ablesbaren grünen Ziffern besaßen die

Instrumente des Carrera GT weiße. Seltsam, dass ausgerechnet die Ladedruck-Anzeige fehlte.

Während der Prototyp Leichtmetallräder im Stil des 928 besaß, wurde der 924 Carrera GT mit klassischen Fuchs-Schmiederädern im Format 7 J x 15 vorne, 8 J x 15 hinten und Reifen der Dimension 215/60 VR 15 bestückt. 16-Zoll-Räder, hinten mit jenen des 911 Turbo identisch, und Reifen der Größen 205/55 VR 16 respektive 225/50 VR 16 waren optional erhältlich.

NACH DER VORSTELLUNG AUF DEM HOCKENHEIMRING WAREN 200 AUTOS VERKAUFT.

Rau, bissig und beeindruckend schnell fuhr sich der teure und seltene Carrera GT. Als Turbo vom alten Schlag benötigte der Motor Drehzahl und Ladedruck, um seine ganze Kraft zu mobilisieren. Zwar standen als Extras Klimaanlage und ein herausnehmbares Dachteil in der Aufpreisliste, eine Servolenkung war jedoch nie vorgesehen.

Es fehlte dem 924 Carrera GT nicht an Aufmerksamkeit und Käufern, auch wenn das die große Sorge des Unternehmens war, wie sich Walter Tabellion, seinerzeit Leiter Verkaufsförderung bei Porsche, erinnert: „Die Präsentation für Händler und Kunden fand auf dem Hockenheimring statt. Porsche hatte Angst, dass wir wegen des hohen Preises auf den Autos sitzen bleiben würden, aber am Ende der Veranstaltung waren alle für Deutschland reservierten Autos verkauft. Die Verbindung aus dem starken Motor und dem hervorragenden, im Vergleich zum 911 viel leichter schnell zu fahrenden Fahrwerkes überzeugte restlos."

406 Exemplare fertigte Porsche innerhalb des zweiten Halbjahr 1980, sechs mehr als die 400 geforderten Einheiten die es brauchte, um gemäß FIA-Reglement die Homologation für die Gruppe 4 zu erhalten. 200 Exemplare der Kleinserie (ausgehend vom Produktionsziel 400 Stück) waren von Porsche zu einem Basispreis für den heimischen Markt reserviert worden. 60.000 Mark kostete der ausschließlich in Indisch-Rot, Silber oder Schwarz erhältliche Typ 937 in Deutschland, ein 928 kostete 5000 Mark weniger. Für Belgien und Luxemburg waren zwölf Einheiten, für Frankreich 25, für Italien zehn, für Österreich 15, für die Schweiz 30, für Australien elf, für England 77, für Hongkong fünf, für Südafrika zwei und für den Rest der Welt 13 Exemplare vorgesehen.

Auch der Motor des Carrera GT basierte auf dem bekannten VW/Audi-EA 831-Triebwerk mit zwei Litern Hubraum. Obenauf lag der Ladeluftkühler, direkt im Luftstrom, unter dem Wasserkühler ein zusätzlicher Ölkühler.

Von der Straße auf die Piste

Dem Carrera GT folgte der noch radikalere GTS (Gran Turismo Sport), der 245 PS starke Typ 939. „Porsche Carrera GTS – ein ‚Rennwagen' mit Straßenzulassung. Kompromisslose Technik, extrem in Ausstattung und Aussehen. Exklusiv als Einzelexemplar. Fertigung auf 50 Fahrzeuge begrenzt."

Die stattliche Zahl auf dem Preisschild des 924 Carrera GTS überschattete beinahe das Großereignis der Vorstellung im Februar 1981: 110.000 Mark inklusive Mehrwertsteuer. schienen eine Summe zu sein, die fern jeder Realität lag. „Der teuerste Serien-Porsche, den es je gab", titelte die Fachpresse atemlos und ungläubig, rechnete nach und kam im Vergleich zum 924 Carrera GT auf einen Mehrpreis von 1428 Mark pro PS.

Der in Le Mans erprobte Ableger der kleinen Transaxle-Baureihe, von Porsche ganz schlicht als Evolutions-Modell deklariert, ragte in seiner kompromisslosen Rennsport-Ausrichtung sogar aus der großen Ahnen-Reihe der Carrera-Typen bei Porsche heraus. Für Porsche hatte die Eignung für den

1980 drehte sich der erste Entwurf einer Carrera GTS-Version auf der Kreisplatte des Porsche-Designs. Feststehende Scheinwerfer hinter Plexiglas sollten ein optisches Merkmal der Hochleistungs-Version werden.

Öffnungen in der Frontmaske und die Hutze auf der Haube führten Kühl- und Ladeluft zum thermisch aufgeladenen Motor.

Ausgestellte Radhäuser signalisierten sportliches Potenzial. Für Design-Chef Anatole Lapine waren es nur „optische Krücken“.

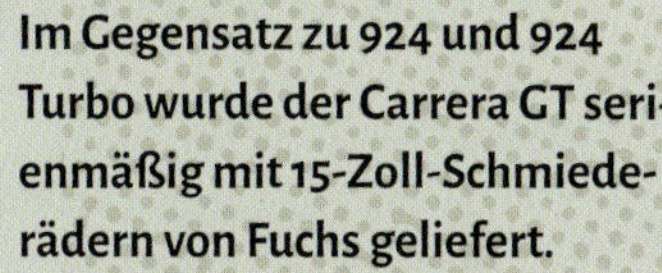

Im Gegensatz zu 924 und 924 Turbo wurde der Carrera GT serienmäßig mit 15-Zoll-Schmiederädern von Fuchs geliefert.

„CARRERA IST BEI UNS EIN KOSTBARER NAME, DEN WIR NUR SELTEN FREIGEBEN.“

Weiße Ziffern, aber keine Ladedruck-Anzeige. Der Innenraum blieb nüchtern. Sportsitze mit roten Nadelstreifen waren Standard.

„DER 924 CARRERA GT IST EIN VOLLWERTIGES ALLTAGSFAHRZEUG."

Neben der am häufigsten gewählten Lackfarbe „Indischrot“ standen für den Carrera GT nur Silber und Schwarz zur Wahl.

FORMEL CARRERA, KÜRZEL GT

1955 erschien erstmalig ein Porsche mit dem Begriff „Gran Turismo" im Namen: der 100 PS starke und 200 km/h schnelle 356 A Carrera 1500 GS, wobei das Kürzel GS für „Granturismo Sport" stand. Zwei Jahre später wurde dem 1500 GS der noch stärkere GT zur Seite gestellt, in der Folge blieb das reduzierte GT-Paket 356 Coupé und Speedster vorbehalten. 1958 wuchs der Hubraum von 1498 auf 1588 cm³, die Leistung stieg auf 115 PS. Im Zusammenspiel mit Türen, Hauben und Rädern aus Aluminium formte der in letzter Konsequenz bis zu 145 PS starke 356 A Carrera den bis heute gültigen Porsche-GT-Gedanken vom leichten und leistungsstarken Straßenauto für die Rennstrecke.

In den sechziger Jahren erfuhren die Begriffe Porsche und GT unterschiedliche Interpretationen. Der kompromisslose 356 Carrera B GTL Abarth stand für reinen Rennsport, der 356 Carrera B 2000 GS-GT war mit 140 PS der stärkste Serien-GT einer ganzen Porsche-Generation. Der 904 Carrera GTS von 1964, entworfen von Ferdinand Alexander „Butzi" Porsche, ging weiter und verband das Konstruktionsprinzip des Mittelmotors mit einer hochmodernen Karosserie aus leichtem GFK.

Mit dem Erscheinen des 911 wechselten die Bezeichnungen. In ihrer Ausstattung reduzierte und in der Leistung gesteigerte Typen wie 911 R, ST und Carrera RS 2.7 übernahmen in wechselnder Intensität die Rolle, die vorher der 356 GT gespielt hatte.

Erst 1980 erschien mit dem 924 Carrera GT wieder ein Modell mit dem traditionsreichen Kürzel. Auch einen GT mit Achtzylinder gab es: 1989 erschien der sportlich konfigurierte und ausschließlich mit Fünfgang-Schaltgetriebe erhältliche 928 GT.

Nur in den Carrera-Modellen der Baureihe 356 verbaute Porsche den legendären Viernockenwellen-Motor. Der 356 A 1500 GS (o.) trug ihn als erster im Heck, hier leistete der Vierzylinder 100 PS.

„CARRERA“ WURDE EINE TYP-BEZEICHNUNG, GT STEHT FÜR HÖCHSTLEISTUNG.

Der für den Motorsport entwickelte, aber für die Straße zugelassene 904 Carrera (r.) führte erstmals das Kürzel GTS im Namen. Danach übernahm der 911 Carrera RS (u.) diese Rolle.

DER GT1 WAR FÜR DIE STRASSE ZUGELASSEN UND FÜR LE MANS QUALIFIZIERT.

Mit dem 993 GT2 begann Mitte der neunziger Jahre eine neue GT-Ära: 40 Jahre nach dem Debüt des 356 A Carrera GS erschien die erste GT-Version eines 911, erstmalig setzte der GT2 auf Aufladung statt Drehzahl. Auf Basis des neuen allradgetriebenen 993 Turbo „setzte Porsche die Tradition fort, seinen Kunden ein konkurrenzfähiges Fahrzeugmodell für den Breitensport zu bieten." Aus Gewichtsgründen trat der dank Biturbo-Aufladung 430 PS starke und 295 km/h schnelle GT2 nur mit Heckantrieb an. Es gab keine Rücksitzanlage, Kofferraumdeckel und Türen bestanden aus Aluminium, Heckfenster und Seitenscheiben aus Dünnglas. 911 GT stand am Heck – um Gewicht zu sparen, war der Schriftzug nur geklebt.

Der radikalste Spross der GT-Familie erschien 1996. Mit Komponenten des 911 sowie neu entwickeltem Chassis und Biturbo-Mittelmotor besaß der GT1 zwei Seiten: Er war für den Alltag zugelassen und für das 24-Stunden-Rennen von Le Mans qualifiziert. Rund 30 Straßenversionen des GT1 standen weiterentwickelte Rennautos zu Seite. 1998 beendeten zwei Porsche GT1 das Rennen in Le Mans auf den Plätzen 1 und 2.

Der 1999 vorgestellte 911 GT3 war es, der mit Leichtbau und Leistung dem Vorbild am nächsten kam. Das wassergekühlte, 360 PS starke Triebwerk hatte seine Wurzeln im Prototypen-Sport und zum gleichen Preis wie die Straßenversion war vom GT3 eine Clubsport-Version für den Einsatz auf der Rennstrecke lieferbar.

Hochdrehzahlkonzept und Heckantrieb waren Pflicht, auch beim 911 GT3 RS, der 2003 erschien und die Spur für künftige Modelle wir GT3 RSR und 911 R legte. Dazwischen, als Höhepunkt der Entwicklung, der Carrera GT als potenter Technologieträger und Aushängeschild der Marke mit Zehnzylinder-Saugmotor, 612 PS und 330 km/h Spitze. ■

Der GT1 von 1996 (u.) war de facto ein Rennwagen mit Biturbo-Aufladung. Mit Saugmotor und Heckantrieb kam der erste GT3 der Baureihe 996 (o.) von 1999 dem Ideal früher Carrera-Modelle am nächsten.

Heckantrieb, Biturbo, 620 PS, 330 km/h Spitze – mehr ging nicht. Der 997 GT2 RS von 2011 trieb das Konzept des aufgeladenen GT-Elfers auf die Spitze.

Am harten, bissigen 924 Carrera GTS kam in der hauseigenen Modellpalette keiner vorbei. Mit einem Preis von 110.000 Mark war er Anfang 1981 der teuerste Serien-Porsche, den es je gab. Ein PS kostete 1428 Mark.

Motorsport und die zukünftige Gruppe B Vorrang – eine Zulassung für den Straßenverkehr erhielten nur jene 924 Carrera GTS, deren Besitzer eine mühevolle Einzelabnahme auf sich nahmen.

Dabei galt es zu beachten, dass die Entwicklung des Fahrzeugs ihren Anfang tatsächlich auf der Rennstrecke genommen hatte. Da war ein Rennwagen gezähmt und kein Serienauto für die Piste modifiziert worden. Ein ungewöhnlicher Vorgang, selbst bei Porsche.

Seinen ersten publikumswirksamen Auftritt erlebte der Carrera GTS am 7. März 1981 im *Aktuellen Sportstudio* des ZDF, wo der arbeitslose Rallye-Weltmeister Walter Röhrl an seinem 34. Geburtstag bei einem Glas Sekt verkündete, in der Deutschen Rallye-Meisterschaft auf 924 Carrera GTS an den Start gehen zu wollen. In einem Gespräch mit dem Journalisten Wilfried Müller erinnerte er sich über 30 Jahre später: „Der Projektleiter muss graue Haare bekommen haben, als er uns im Fernsehen mit Sekt anstoßen sah. Denn er wusste, dass zu diesem Zeitpunkt keiner der Turbomotoren länger als zwei Stunden hielt."

„KOMPROMISSLOSE TECHNIK, EXTREM IN AUSSTATTUNG UND AUSSEHEN."

Der 924 Carrera GTS mit der Porsche-internen Typ-Bezeichnung 939 übertrumpfte in seiner radikalen Machart alle bis bisher dagewesenen Produktions-Renner. Sofort gab sich der GTS an den feststehenden Scheinwerfern (abgeänderte Teile des VW Scirocco) unter Plexiglas-Abdeckungen zu erkennen. Sie ersetzten die für den Renneinsatz aerodynamisch nachteiligen Klappscheinwerfer. Ein weiteres Merkmal war das auf die Fronthaube geklebte Nummernschild, bedingt durch die vergrößerte Ladeluft-Öffnung darunter.

Im Gegensatz zum Carrera GT lag der Kühler für die Ladeluft, trotz vorhandener Hutze auf der Haube, nicht über dem Motor, sondern verbarg sich direkt hinter der Frontschürze. In Kombination mit einer Ladedruck-Erhöhung auf 1,0 bar bei gleichzeitiger Verringerung der Verdichtung auf 8,0:1 betrug die Leistung des Zweiliter-Aggregats vom Typ M31/60 nun 245 PS bei 6250/min, das maximale Drehmoment lag bei 335 Nm und 3000/min. Das verstärkte Fünfganggetriebe (Typ G 31/30) verfügte über einen eigenen Ölkühler. Radnaben, geschmiedete Leichtmetallfelgen und die Bremsanlage mit ihren vier innenbelüfteten gelochten Bremsscheiben stammten vom 911 Turbo, an der Hinterachse saßen Schraubenfedern anstelle von Drehstäben.

Den 924 Carrera GTS hatte Porsche gezielt für den Einsatz im Motorsport entwickelt. Die angekündigte Limitierung auf 50 Exemplare, aufgereiht im Werk 1 (r.) zur Abnahme durch die FIA, wurde leicht überschritten.

1121 Kilogramm waren das Ergebnis aller Leichtbau-Maßnahmen. Die hinteren Schräglenker bestanden aus Aluminiumguss, Türen und Motorhaube waren aus Kunststoff gefertigt, auf Dämmmaterial und die Notsitze im Fond wurde ganz verzichtet. Die Seitenfenster bestanden aus Plexiglas und ließen sich lediglich ein Stück weit aufschieben. Dünnster Nadelfilz bedeckte das Blech des Innenraums und trug maßgeblich dazu bei, dass das Finish an einen ambitionierten Eigenbau erinnerte. Zwei Schalensitze mit Hosenträger-Gurten aus dem Rennwagen 935 gehörten zum Serienumfang, ein Überrollkäfig aus Aluminiumrohren stand als Sonderwunsch zur Verfügung.

59 linksgelenkte Exemplare wurden 1981 produziert, 15 Stück davon erhielten das „Clubsport"-Paket mit einer Leistungssteigerung auf 270 PS.

Typisch und ganz Porsche: Beim 924 GTS saß der Drehzahlmesser in der Mitte des Instrumententrägers. Und endlich gab es auch eine Ladeanzeige, die Tacho-Skalierung erreichte 300 km/h. 250 km/h Spitze waren realistisch – und mittels „Clubsport"-Paket konnte noch einmal nachgelegt werden.

59 ausschließlich linksgelenkte Exemplare wurden zwischen Februar und April 1981 produziert, 15 davon erhielten eine Leistungs-Steigerung auf 270 PS, erzielt durch 1,08 bar Ladedruck, geänderte Steuerzeiten und eine optimierte Abgasanlage.

Für die Gusseisernen, die den 924 bisher geschmäht hatten, brachen nun harte Zeiten an. Mit einer Höchstgeschwindigkeit von 260 km/h rangierte der GTS Clubsport nicht nur in Sachen Fahrleistungen auf Augenhöhe mit dem legendären 911 Turbo, sondern war mit sagenhaften 122.091 Mark auch rund 30.000 DM teurer und damit der teuerste Serien-Porsche, den es bis zu diesem Zeitpunkt gab.

HIER WAR EIN RENNWAGEN GEZÄHMT
UND KEIN SERIENAUTO MODIFIZIERT WORDEN.

Stärker waren nur noch die reinen Wettbewerbsversionen, die in Le Mans und mit Walter Röhrl am Steuer in der Deutschen Rallye-Meisterschaft an den Start gingen. „Rallye Stufe I" (Preis: 15.494 DM) enthielt unter anderem einen vergrößerten Ölkühler, Unterfahrschutz für Motor und Getriebe, geänderte Stoßdämpfer sowie Twinmaster, Leselampe und Überrollkäfig. In „Rallye Stufe II" (42.430 DM) waren ein Umbau auf Trockensumpfschmierung, verstärkte Aufnahmen für Fahrwerk und Getriebe sowie dessen Übersetzung für Rallyes und viele weitere Modifikationen an Bord. 145.000 Mark kostete ein 924 Carrera GTS Rallye mit 256 PS.

Rund 180.000 DM kostete ein für die Rundstrecke vorbereiteter 924 GTR, dessen einstellbares Fahrwerk, die 917-Bremsanlage, pneumatische Wagenheberanlage und modifizierte Karosserie selbst mit dem GTS nur noch wenig gemein hatte. 375 PS bei 6500/min stellte der Motor des GTR bereit, das Werk versprach eine Beschleunigung in 4,7 Sekunden von 0 auf 100 km/h sowie eine Höchstgeschwindigkeit von 290 km/h.

Eine Prise Luxus war da deutlich günstiger. Für 5950 Mark bot Porsche ein Komfort-Paket an, das den GTS deutlich seriennäher ausstattete. Darin enthalten waren konventionelle Stahltüren mit elektrischen Fensterhebern, elektrisch verstellbare Außenspiegel links und rechts, eine Rücksitzanlage, Dämmmatten und Veloursteppiche, eine Mittelkonsole in Leder sowie beheizbare Heckscheibe und Heckscheibenwischer.

Gegen weitere Sonderzahlungen waren selbst weißlackierte Felgensterne, Ledersitze und eine Klimaanlage erhältlich. Einziges Luxus-Accessoire des serienmäßig nackten GTS war ein Zigarettenanzünder, Ablagen oder ein Radio suchten Fahrer und Beifahrer hingegen vergeblich. Wer in einen 924 Carrera GTS einstieg und Krimskrams mitbrachte, hatte das Wesen des extremsten aller Transaxle-Sportwagen gründlich missverstanden.

1000-km-Rennen auf dem Nürburgring 1983: Auf 924 Carrera GTS belegen Klaus Utz und Claude Haldi den 8. Platz im Gesamtklassement.

EIN 924 CARRERA GTR FÜR DIE RUNDSTRECKE LEISTETE 375 PS UND KOSTETE 180.000 DM.

Verkleidete Scheinwerfer und Schnellverschlüsse für die Motorhaube waren ernst gemeinte Ansagen für den Motorsport-Einsatz.

Unter dem Spoiler, verdeckt von einer Plastikklappe, saß die Öffnung für den in der Aufpreisliste stehenden Trockensumpftank im Heck.

IN SACHEN LEISTUNG KONNTE PER CLUBSPORT-PAKET NACHGELEGT WERDEN.

Sieht beinahe aus wie ein ganz normaler 924, aber nur hier sitzt der Drehzahlmesser mittig. Türverkleidungen und Kurbelfenster fehlen.

HIER STECKT HÄRTE DRIN. DER CARRERA GTS KLINGT UND FÄHRT WIE EIN RALLYE-AUTO.

Eine Mittelkonsole fehlt dem Carrera GTS, dafür besitzt er leichte „Lollipop“-Schalensitze wie der Renn-Turbo 935.

Porsche 924 S
Die goldene Mitte

Schon seit langem war klar gewesen, dass der ohnehin nur noch tröpfelnde Strom von Audi-Motoren im Jahr 1984 ganz versiegen würde. Nach außen schien die Evolution des 924 zur stärkeren S-Variante unter Nutzung des M44/01-Motors aus dem größeren 944 wie eine logische, beinahe zwangsläufige Entwicklung. Doch neben neuen Abgas-Regelungen, die das in der Grundkonstruktion hochbetagte, auf dem Audi-Mitteldruck-Vielstoff-Motor der sechziger Jahre basierende Triebwerk ohne starken Leistungs-Verlust nur schwerlich hätte erfüllen können, war auch Politik im Spiel.

Die Konflikte um die Wahl des richtigen Motors ergaben sich aus dem Wechselspiel der Kräfte zwischen Porsche auf der einen und Audi-NSU auf der anderen Seite. Seit dem Debüt im Audi 80 im Jahr 1972 hatte sich der moderne und wandelbare ohc-Motor des Typs EA 827 zur Allzweckwaffe im VAG-Konzern entwickelt. Mit Hubräumen von 1,3 bis 1,8 Liter trieb der Langpleuel-Motor sowohl längs wie quer montiert Typen wie Audi 80 und 100, Passat und Golf an. In der Zweiliter-Klasse trat der in VW LT (Vergaser, 75 PS), Audi 100 (Vergaser, 115 PS) und Porsche 924 (Einspritzung, 125 PS) längs verbaute EA 831 an.

Um den 1976 eingeführten Audi 100 der zweiten Generation als Konkurrenz von BMW und Mercedes vermarkten zu können, brauchte es mehr Motor. Diese Aufgabe erfüllte der vom EA 827 abgeleitete – und auf den Erfahrungen Ferdinand Piëchs mit dessen für Mercedes-Benz entwickelten Fünfzylinder-Diesel von 1972 basierende – Fünfzylinder mit 2,1 Litern Hubraum und 115 PS. Laufruhe und Prestige rangierten nahezu auf Niveau der Sechszylinder-Konkurrenz, gleichzeitig baute der Reihenfünfzylinder kurz genug für den Einsatz im frontgetriebenen Audi Typ 43 und ließ sich aufgrund von Gleichteilen kostengünstig fertigen.

DIE VAG-KONZERNPOLITIK MACHTE EINEN WECHSEL DES MOTORS NÖTIG.

Mit flexibel nutzbaren Vierzylinder-Motoren und neuem Fünfzylinder-Triebwerk auf günstiger EA-827-Basis, ab 1980 im Audi 100 auch als 1,9-Liter-Version verfügbar, entfiel die Notwendigkeit für eine weitere Fertigung des EA 831 – im VW LT blieb der Motor bis 1982 erhältlich, für den Porsche 924 lief die Fertigung noch etwas länger. Etwas Neues musste her.

Gerüchte über das weitere Vorgehen zirkulierten schon länger, vermutet wurde eine auf zwei Liter Hubraum reduzierte 944-Motorvariante oder eben doch der Einsatz des 2.1-Liter-Fünfzylinders von Audi. Letztere Lösung schien einfach, hätte Porsche aber erneut in Abhängigkeit zu Audi gebracht und weitere Kosten verursacht. Das bittere Bonmot, dass an Fertigung und Verkauf des 924 als Erster Volkswagen, als Zweiter Audi und als Letzter Porsche Geld verdiente, machte im Konzern schon länger die Runde.

Stattdessen griffen die Entwickler weit oben ins Regal des Konzern-eigenen Baukastens und wählten als Motorisierung des neuen 924 den 2,5-Liter-Vierzylinder des 944.

Dessen Entwicklung hatte bereits 1976 begonnen, als der junge 924 gerade einmal einige Monate auf dem Markt war. Der Gedanke an einen Sechszylinder in V-Form lag aufgrund der begrenzten Platzverhältnisse im 924-Motorraum nahe. Die Wahl fiel versuchsweise auf den 2,7 Liter großen V6-„Europa"-Motor, eine Gemeinschaftsentwicklung der Firmen Peugeot, Renault und Volvo. Weder Laufruhe noch Leistung konnten überzeugen, der Einbau des Aggregats war im Gegensatz zur kompletten Motor-Transaxle-Einheit des 924 nur von oben möglich, was den Produktionsaufwand erhöhte.

„Ein eventueller Imagevorteil des Sechszylinder-Motors und die Einbaumöglichkeit in die Baureihe 928 konnten die erwähnten Nachteile nicht ausgleichen", erklärte Entwicklungs-Vorstand Helmuth Bott 1982 bei der Präsentation des 944. So fiel in Weissach die Entscheidung gegen einen in der Größenordnung von 3,5 Litern angesiedelten V6 (wohl auch, um nicht allzu sehr in die Nähe des 911 zu geraten) und für einen im Hubraum auf 2,5 Liter gewachsenen Vierzylinder, der Verbrauchsvorteile versprach und zudem weitere Vorgaben des Lastenhefts erfüllt.

So sollte sich der Motor für eine spätere Turbo-Aufladung eignen, künftige Lärm- und Abgaswerte erfüllen und, ganz wichtig, konstruktive Verwandtschaft zu bestehenden Triebwerks-Familien aus Zuffenhausen aufweisen, um die Konstruktions- und Fertigungskosten gering zu halten.

Von Anfang an stand fest, wie Helmuth Bott betonte, dass auch im Hinblick auf eine spätere Hubraumvergrößerung der Motor mit Ausgleichswellen versehen werden sollte. Diese sollten die bei einem großvolumigen Motor wie dem des 944, wo sich der Hubraum von 2,5 Litern auf nur vier Zylinder verteilte und die Bohrung stolze 100 mm betrug, beträchtlichen Massenkräfte zweiter Ordnung aufnehmen.

Das geschah durch zwei Ausgleichswellen, die höhenversetzt am Motorblock lagen und parallel zur Kurbelwelle mit doppelter Drehzahl rotierten. Schwang der Motor nach oben, drückten die Gewichte der per Zahnriemen gesteuerten Wellen nach unten, die Kräfte neutralisieren sich. Acht Kilo addierten die Wellen zum Motor-Gewicht hinzu und schluckten 3 bis 5 PS Leistung. Ein aufwändiges Sys-

Äußerlich war der 924 ganz der Alte geblieben, keine Verbreiterungen deuteten auf die gestiegene Leistung hin. Auch nach fast zehn Jahren am Markt sah die Linie noch frisch und gefällig aus.

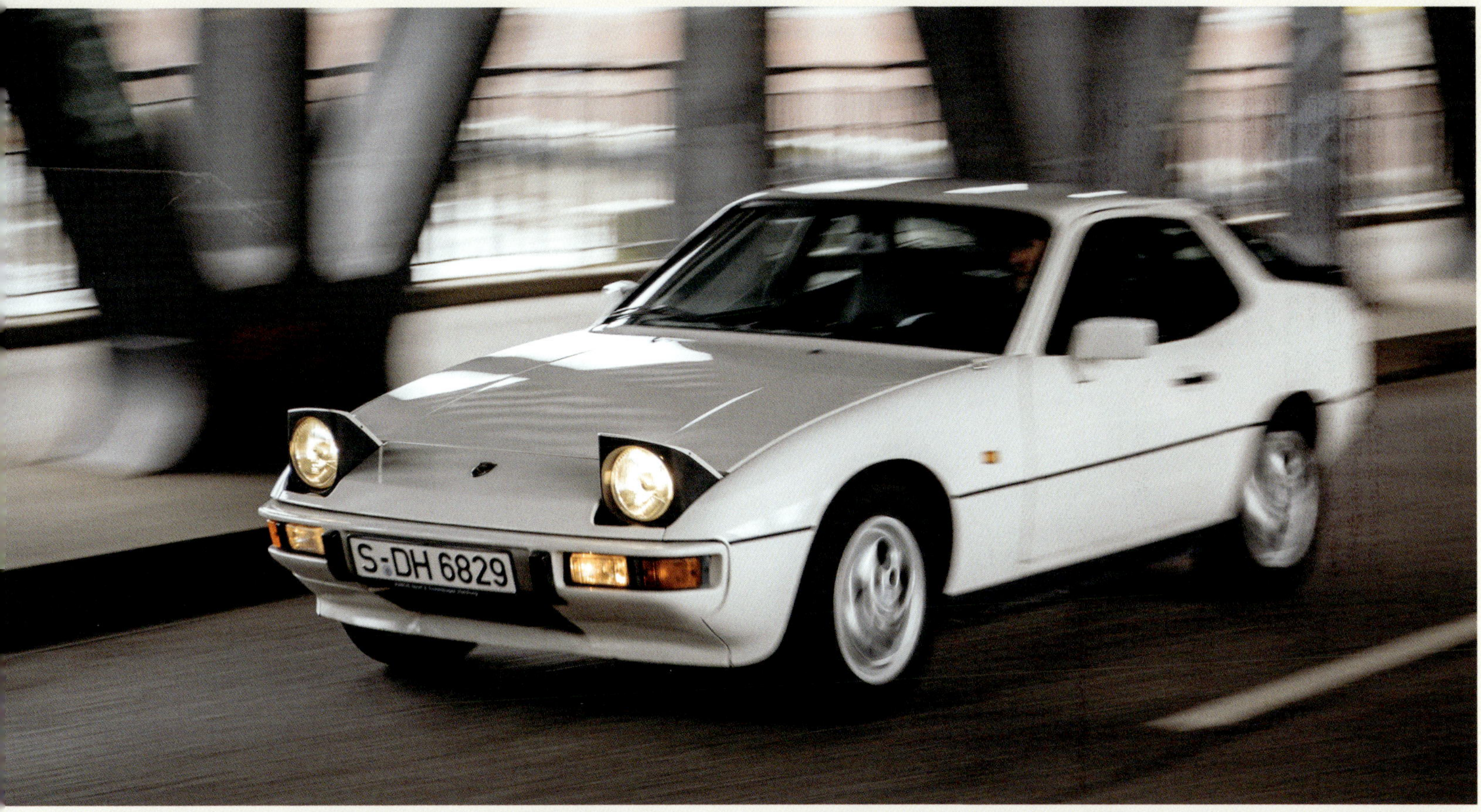
S-DH 6829

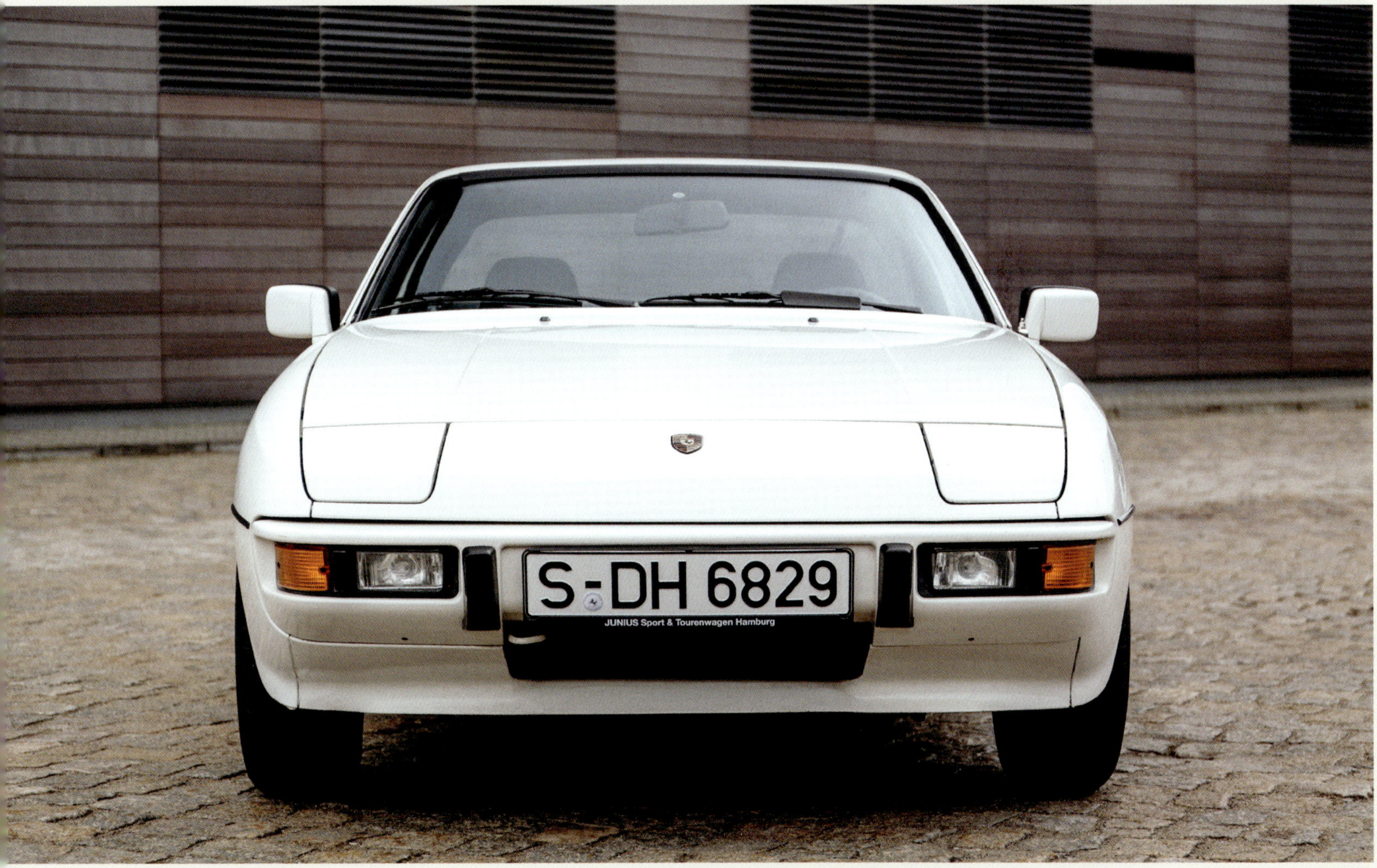
S-DH 6829
JUNIUS Sport & Tourenwagen Hamburg

AUS DEM HALBEN V8 DES 928 ENTSTAND
EIN GANZ NEUER VIERZYLINDER.

tem, das bereits 1912 vom Schotten Frederick Lanchester entworfen und nach ihm benannt worden war (Lanchester-Ausgleich) und von Mitsubishi Ende der 60er Jahre für die Modelle Lancer und Sapporo weiterentwickelt worden war.

Nach Experimenten mit einem auf „Wellen-Betrieb" umgerüsteten Audi-Aggregat entstanden schon im Frühjahr 1977 erste Prototypen, die bereits ein Jahr später Tests unterzogen wurden. Dabei bedienten sich die Ingenieure der rechten Zylinderbank des neu entwickelten Alumimium-V8-Aggregats des 928, was sich bei sämtlichen Abmessungen bemerkbar machte.

UM DEN 944 NICHT ZU BEDRÄNGEN, ERHIELT DER 924 S DEN SCHWÄCHEREN 150-PS-MOTOR DER USA-VERSION.

Die Basismaße von Zylinderblock und Zylinderkopf sowie Ventiltrieb stimmten überein, die Bohrung wurde von 95 auf 100 mm angehoben, der Hub maß 78,9 mm, wodurch sich ein Hubraum von 2479 Kubikzentimetern ergab. Wie beim 928 waren die Zylinder-Laufbahnen aluminiumbeschichtet. 662 Millimeter lang geriet der mächtige, mit Porsche-Schriftzug versehene Vierer, und baute damit länger als der Fünfzylinder von Audi und die kleinen Sechszylinder von BMW!

Dank der Verwendung von erprobten Komponenten konnten sich die Techniker von Anfang an weitgehend auf die Vierzylinder-Problematik konzentrieren und der Großkolbenmaschine ruhigen Lauf anerziehen. Daran hatte es dem rauen und brummigen Audi-Aggregat des ersten 924 immer gemangelt. Hydrolager, in denen der große Vierzylinder untergebracht war, hielten die Vibrationen vom Karosseriekörper fern. In Kombination mit Ausgleichswellen glänzte der große Vierzylinder mit einer Laufkultur, die ihn nicht nur in die Nähe von Sechszylindern rückte, sondern einigen sogar überlegen war. In Sachen Benzinverbrauch war er es sowieso, unter anderem ein Verdienst der geringeren Reibungsverluste, die sich aus dem Vierzylinder-Konzept ergaben.

Bei Zündung und Einspritzung setzte Porsche auf Digitale Motor-Elektronik (DME) und L-Jetronic von Bosch. In Kombination mit einer Schubabschaltung, die im Schiebebetrieb die Benzinzufuhr unterbricht, ergaben sich Verbrauchswerte von 9,0 Litern im Drittelmix für die Version mit Schaltgetriebe.

Respektabstand zum 944

Die Problematik war auf einmal aber eine ganz andere. Da der 924 S nicht nur leichter als sein großer Bruder 944 (c_W-Wert: 0,34) war, sondern auch eine geringere Stirnfläche und einen besseren c_W-Wert von 0,32 aufwies, bestand die Gefahr, dass bei identischer Motorisierung mit 163 PS das kleinere Modell die teurere Variante bei den Fahrleistungen überflügelte.

Um dies zu vermeiden, fiel die Wahl auf die USA-Version des 944-Triebwerks (Motor-Nr. M44/07 und M44/08 für die Automatik-Version), das mit niedrigerer Verdichtung arbeitete (9,7:1 statt 10,6:1) und die Verwendung von bleifreiem Normalbenzin erlaubte. So waren gleichzeitig die Voraussetzungen für eine Katalysator-Version erfüllt und die Möglichkeit für einen nachträglichen Einbau gegeben, ohne einen Leistungs-Verlust in Kauf nehmen zu müssen.

Gemeinsam mit dem 944 Turbo debütierte der 924 S getaufte, neue alte Einsteiger-Porsche 1985 auf der Frankfurter IAA. Mit einer Leistung von 150 PS bei 5800/min wahrte der 924 S einen Respektabstand zum normalen 944 mit Saugmotor. In 8,5 Sekunden beschleunigte der 924 S auf Tempo Hundert und erreichte eine Spitze von 215 km/h. Intern erhielt der neue 924 die Typennummer 946, der Rechtslenker bekam die 947.

Natürlich hatte der 924 S noch mehr vom 944 geerbt, etwa das Getriebe, eine Weiterentwicklung der bekannten Fünfgang-Box von Audi. Auch die 2300 Mark teure

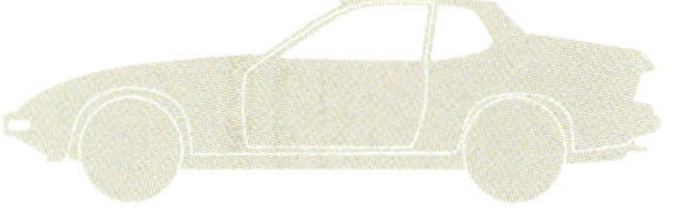
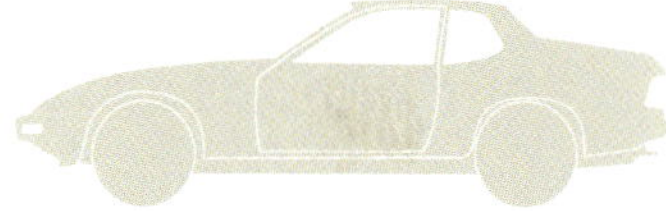

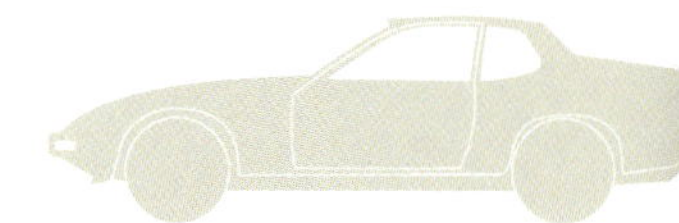

Dreigang-Automatik wurde vom 944 übernommen, ebenso die Hinterachslenker aus Leichtmetall und die Bremsanlage mit vier innenbelüfteten Scheibenbremsen. Breitere 6 J x 15 Zoll große Leichtmetall-Räder im „Telefon-Design" gehörten ebenfalls zu den fahrwerksseitigen Neuerungen. Die Antriebswelle glich hingegen jener des 924 Turbo: 25 Millimeter stark und in drei statt vier Lagern laufend.

Soviel Hightech hatte ihren Preis: 41.950 Mark kostete der 924 S, über 20 Prozent mehr als der letzte 924. Im Vergleich zu dem hatte er jedoch enorm gewonnen und endlich – so lautet unisono das Urteil – den Motor bekommen, den er schon lange verdient hatte. „Im Vergleich zum eher etwas schwachbrüstigen und sehr unkultivierten alten Audi-Aggregat ist es geradezu eine Wohltat, mit ihm unterwegs zu sein", lautete Werner Schrufs Urteil im ersten *auto, motor und sport*-Test 1985.

Aber Porsche blieb Porsche. Ein stärkerer Stabilisator an der Vorderachse (21,5 statt 20 mm), ein Hinterachs-Stabilisator mit 14 mm sowie 16-Zoll-Räder mit Bereifung im Format 205/55 VR 16 (3870 DM) sowie Sport-Stoßdampfer fanden sich als M-Ausstattungen auf der Liste der Extras wieder. Auch elektrisch verstellbare Außenspiegel (320 DM), Lederpolsterung (2600 DM), Tempostat (700 DM), Kälteanlage (2950 DM), elektrische Fensterheber (870 DM), Heckscheibenwischer, Sportsitze oder das elektrische betätigte und herausnehmbare Hubdach (1750 DM) waren gegen Aufpreis erhältlich.

Dass zwischen großem Lenkrad und höher gelegten Sitzen zu wenig Platz für die Knie blieb, war ein Mangel des 924 S. Es gab dann auch die Empfehlung, das optional erhältliche Lenkrad mit 360 mm Durchmesser plus Servolenkung (1240 DM) zu ordern.

Auf die Übernahme des gerade erneuerten Armaturenbretts der neuen 944-Generation verzichtete Porsche beim 924 S. Gemeinsamkeiten gab es dennoch genug, so dass sich ein Vergleich der ähnlichen Brüder geradezu aufdrängte, auch wenn der 944 um 9000 Mark teurer kam.

An die betont sachliche Innenraum-Architektur des 924 legten die Designer nie Hand an, es blieb bei drei großen und drei Zusatzinstrumenten. Der Tacho zeigte beim S-Modell eine selbstbewusste 260 km/h-Marke. Komfort, Verarbeitung und Qualitätsanmutung erreichten beim 924 S ihren Höhepunkt.

Dank des lang bauenden Großkolben-Vierzylinders besaß der 924 S nun endlich jenen Porsche-Stallgeruch, der dem kleinen 924 immer ein wenig abgegangen war. Ab Modelljahr 1987 verzichtete der S auf jede falsche Bescheidenheit: Nun leistete der Motor 160 PS, die Spitze lag bei 220 km/h.

Die Unterschiede zwischen beiden verwischten. Der 924 war billiger und günstiger im Verbrauch, der 944 verfügte über bessere Ausstattung und Fahrleistungen sowie über ein Plus an Komfort; insgesamt bot der 944 aber die modernere Konstruktion, was sich in den Verkaufszahlen niederschlug. 3536 gefertigten 924 S im Jahr 1986 standen 17.010 Einheiten des 944 gegenüber. Die beste Zeit des nunmehr zehn Jahre alten 924 war vorbei, allerdings zeigte die Frischzellenkur noch einmal Wirkung.

In der Porsche-Hauszeitschrift *Christophorus* lieferte Reinhard Seiffert eine treffende Charakterisierung des neuen 924 S: „Man sieht es ihm zwar nicht an, aber der 924 S ist der Porsche des Jahrgangs 1986, der sich gegenüber dem Vorgänger am meisten verändert hat."

Die Vorstellung einer Katalysator-Variante, die jedoch einen Zuschlag von 1300 Mark und einen halben Liter Benzin mehr auf 100 Kilometern verlangte, machte deutlich, dass Porsche seinem Einsteigermodell die gleiche Sorgfalt zukommen ließ wie den stärkeren Geschwistern und den 924 S nicht einfach nur als Auslaufmodell betrachtete. 1987 stiegen die Verkaufszahlen sogar noch einmal auf 8940 Stück an, was auch durch die letzte Kraftkur zu erklären war.

Durch Abstimmung auf bleifreies Superbenzin standen ab Modelljahr 1987 nun 160 PS zur Verfügung, die Höchstgeschwindigkeit lag bei 220 km/h. Um die Vielzahl der Varianten zu verringern, verfügten 924 S und 944 nun über den identischen Motor (M44/09) mit einer reduzierten Verdichtung von 10,2 statt 10,9:1.

So energisch wiederbelebt, feierte der 924 S nach einigen Jahren Pause ein viel beachtetes Comeback in den USA, wo die Verkäufe des 924 immerhin zehn Prozent des Gesamt-Absatzes ausmachten und insgesamt mehr als 9000 Exemplare des 924 S einen Abnehmer fanden. Keine Frage: der 924 S ist der harmonischste 924, den es je zu kaufen gab.

45.115 Mark kostete ein 924 S in Deutschland. Ebenfalls deutlich zugelegt hatte die Serienausstattung, zu der zahlreiche bis dahin aufpreispflichtige Extras gehörten: elektrische Fensterheber, elektrisch verstellbare und beheizbare Außenspiegel, Antenne und vier Lautsprecher, Heckscheibenwischer, Stabilisatoren an der Hinterachse und Kleinigkeiten wie ein Kassetten- und Münzbehälter, Dreispeichen-Lenkrad sowie ein Lederbezug für den Schaltknüppel.

Keine Frage, der 924 S war der harmonischste 924, den es je zu kaufen gab.

Das Beste zum Schluss

Ein besonders feines Sondermodell begleitete den 924 in seinen Lebensabend. Mit der Optionsnummer M755 und eben jenem unerhört hohen Preis von 52.950 Mark – den ersten 924 hatte es zwölf Jahre zuvor noch für weniger als die Hälfte gegeben – kam der finale 924 S auf den Markt. „Exklusiv" nannte Porsche sein neues und letztes Angebot, das auch als 924 S „Le Mans" bekannt wurde. Ein normaler 924 S stand mit 47.900 Mark in der Preisliste.

Zum besonderen Aufritt gehörten Lack in Schwarz oder Alpinweiß sowie farblich dazu abgestimmte Flankenschutzleisten und „Telefon"-Räder aus Leichtmetall im Format 6 Zoll vorne und 7 Zoll hinten, deren Felgenkranz in Türkis oder Ocker lackiert worden war. Passend dazu zeigte sich das Interieur. Die Sportsitze trugen feinen Flanellstoff, der auch die Türtafeln zierte, und passend zur Außenfarbe Keder in Türkis oder Ocker.

Das Sportfahrwerk (M030) bewies, dass es Porsche nicht nur bei Äußerlichkeiten belassen wollte. Dickere Drehstäbe und Stabilisatoren waren verbaut, es gab härtere, einstellbare Koni-Dämpfer, eine Tieferlegung um 10 mm sowie härtere Gummilager. Ein herausnehmbares elektrisches Targadach, ein kleineres Vierspeichenlenkrad mit 360 mm Durchmesser sowie Spirtzschutzecken an den hinteren Kotflügeln komplettierten das exklusive Angebot.

Typisch Achtziger: Die Werbung tauchte den metallisch glänzenden 924 S in pastelliges, rosa gefärbtes Licht. Die 15 Zoll großen „Telefon"-Räder waren ein Erkennungsmerkmal des S-Modells.

Nach 12.195 Einheiten des 924 S baute Porsche weitere 4079 Stück mit 160 PS starkem 2,5-Liter-Vierzylindermotor. Nur 980 waren „Exklusiv"-Versionen, 200 schwarze und nur 50 Autos in Alpinweiß reservierte Porsche für den Heimatmarkt.

Wer waren die Kunden, die ihn kauften? Die im Sommer 1988, ganz kurz vor Schluss, noch 52.950 Mark für ein Auto bezahlten, dessen erster öffentlicher Auftritt bereits 13 Jahre zurücklag? Die ein 924-S-Exklusivmodell mit dem klangvollen Beinamen „Le Mans" erwarben, aber für ihr Geld weder ein Übermaß an Sportlichkeit noch an Image geliefert bekamen? Wer waren diese etwas über 16.000 Käufer eines 924 S, die sich in den Jahren 1985 bis 1988 für einen großen Motor in einer kleinen Karosserie entschieden? Die freiwillig auf Prestige und Sozialneid verzichteten? Waren sie technikverliebte Anhänger des Transaxle-Prinzips, Freunde bedingungslosen Understatements, Porsche-Enthusiasten mit dem Platz fürs Drittauto? Oder waren sie nur wohlhabende Knauser?

Teuer war der 924 am Ende, aber auch sehr, sehr gut. Zum Modelljahr 1988 gab es keine Änderungen mehr und zum Beginn des neuen Modelljahres 1989 (ab 1. August 1988) fiel der 924 S nach den letzten im August und September 1989 gebauten 200 Exemplaren still und leise aus dem Programm.

Die wirklich letzten 924 S verkaufte Porsche als attraktiv ausgestattete Sonderserie, ausgerüstet mit Klimaanlage, Servolenkung, Lederlenkrad und stärkerer Batterie für 50.700 Mark. Optional wurde darüber hinaus ein auf Wunsch in Wagenfarbe lackiertes Anbaukit mit Bugspoiler, der mittig drei große Schlitze trug, Flügelheckschürze sowie Seitenschwellern angeboten. Immerhin noch 4193 Exemplare entstanden im letzten Lebensjahr 1988.

Mit der kargen Ur-Variante, jenem hin- und her geschobenen Kind mit dem Namen EA 425, hatte der 924 S am Ende seiner Laufbahn eigentlich nur noch das Antriebs-Prinzip sowie das glattflächige Äußere gemein. Was 1976 als allzu schlichtes Styling ohne Ecken und Kanten bekrittelt worden war, hatte sich zwölf Jahre später mal wieder als großer Wurf zeitlosen Porsche-Designs erwiesen.

Die moderne, nicht modische Silhouette wies den Weg in die Zukunft, längst stand der 924 im Jahr 1988 jenseits aller Auto-Moden und nur noch für sich selbst. Wie zeitlos die Form jedoch war, bewies der große Bruder 944, der sie noch für einige Zeit selbstbewusst tragen und in Grundzügen sogar noch seinem Nachfolger 968 als Erbe des ersten Vierzylinder-Porsche weiterreichen sollte.

Nach zwölf Jahren hatte sich der 924 als großer Wurf zeitlosen Porsche-Designs erwiesen.

DIE ZEITLOSE FORM DES
924 TRUG DER 968
BIS IN DIE NEUNZIGER JAHRE.

Sondermodelle
Begrenzt verfügbar

„25 Jahre Fahren in seiner schönsten Form" – den vielleicht etwas holprigen, aber eben passenden Slogan lancierte Porsche 1974 zum 25-jährigen Produktionsjubiläum und für das erste offiziell vermarktete Sondermodell zum Modelljahr 1975.

Das Jubiläumsmodell gab es als 911, als 911 S und als Carrera in einer begrenzten Auflage von insgesamt 400 Exemplaren. Jedes einzelne wurde von einer 4,5 x 6,5 Zentimeter großen Plakette mit Signatur des Firmenchefs Dr. Ferry Porsche am Handschuhkastendeckel als Extra-Ausgabe geadelt. Die Farbe „Silbermetall", eine extravagante Sitzgruppe und das Ausstattungspaket M426 machten den Jubi-Elfer so speziell.

„Den Reiz der Rarität findet man innen: Kunstleder blauschwarz entsprechend der Serie, jedoch Tür- und hintere Seitenverkleidungen, Fond-Rückwand, Rücksitzkissen und -lehnen in blauschwarzem Tweed, Vordersitze in Kunstleder blauschwarz mit Mittelteilen in gleichem Tweed entsprechend den Verkleidungen, alle Modelle mit dem Hochflorteppich des Carrera 75", versuchte die Werbung das psychedelisch angehauchte Innere in Worte zu hüllen.

Das Paket M426 umfasste darüber hinaus schwarzmattierte Chrom- und Eloxalteile, einschließlich des Sicherheitsbügels beim 911 Targa, 6-Zoll-ATS-Druckgussfelgen in „Blaugraudiamant" sowie Fünfganggetriebe und Stabilisatoren. Ein Lenkrad mit 380 Millimetern Durchmesser, Blaupunkt-„Bamberg"-Kassettenradio mit elektrischer Antenne, Scheinwerfer-Reinigungsanlage und eine beim Coupé zweistufig beheizte Heckscheibe (serienmäßig beim 911 Targa) gehörten ebenfalls dazu.

Beim ohnehin besser ausgestatteten Carrera wurde die Serienausstattung entsprechend ergänzt. 33.350 Mark kostete das 911 Coupé, 44.350 DM der Carrera in Targa-Ausführung. Der feingemachte 911 war der Auftakt einer langen Reihe von Sondermodellen.

Mit dem Ende der Modell-Monokultur und dem Ausbau der Modellpalette durch 924 und 928 stieg die Zahl der Spezial-Ausführungen sprunghaft. Obwohl damals erst seit rund einem Jahr auf dem Markt, erschien bereits im Januar 1977 die erste Sonder-Edition des 924.

Mit der „Martini"-Baureihe begoss Porsche seine Dominanz auf den Rennpisten dieser Welt im Vorjahr: bester Produktions-Rennwagen in Le Mans sowie Sieg in

Zum 25-jährigen Dienstjubiläum des 911 präsentierte das Unternehmen das erste Sondermodell. Der Lack in „Silbermetall" sowie Türverkleidungen und Sitzmittelbahnen in extravagantem Tweed gehörten zur Spezial-Ausstattung des Jubi-Elfers. Er markierte den Auftakt zu einer inzwischen sehr langen Reihe von Porsche-Sondermodellen.

der amerikanischen TransAm-Meisterschaft. Und natürlich die große Doppelnummer: Weltmeister bei den Sportwagen und in der Markenwertung. Alle Siege errungen in den Sponsorfarben Weiß, Blau und Rot des Likör-Herstellers Martini-Rossi, seit 1971 dem Hause Porsche als Sponsor und Partner eng verbunden. Die limitierte, zwischen Dezember 1976 und April 1977 gebaute Sonderedition des 924 Martini fiel auf. Alle Modelle wurden in „Alpinweiß" mit den blau-roten Streifen des Werksteams und weißlackierten Leichtmetallfelgen mit Reifen im Format 185/70 HR 14 geliefert. Das Fahrwerk verfügte über die ansonsten aufpreispflichtigen Querstabilisatoren, den Innenraum schmückten ein Lederlenkrad sowie eine in Rot und Schwarz gehaltene Ausstattung. Blaue Nähte zierten die Sitze, in die Kopfstützen waren noch einmal die Martini-Farben eingearbeitet, und der rote Flockcord der Sitze deckte sich mit dem des Teppichs. Eine Ausnahme machte das US-Modell, das grundsätzlich über eine Rücksitzbank aus schwarzem Kunstleder verfügte.

Außerdem sahen die Marketing-Experten eine „Weltmeister"-Plakette auf der Mittelkonsole vor, die an die Titel der Jahre 1969, 1970, 1971 und 1976 erinnerte. 2000 Einheiten der Martini-Baureihe (Werkscode M426) gingen in die USA, 1000 Stück erreichten den Rest der Welt.

Viele 924-Sondertypen wie „Sebring" im Jahr 1979 und „Weissach" im Jahr 1981 (USA), sowie „Schweiz", „Frankreich" und „Italien" wurden nur für einzelne Märkte gefertigt, teilweise in äußerst kleinen Stückzahlen.

Die „Swiss Special Edition" (M426) erschien im Frühjahr 1978 in einer Auflage von nur 100 Stück. Zum Lack in „Pearl-Metallic", eigentlich eine Farbe für den VW

1977 präsentierte Porsche die erste Sonderserie des 924. Zu feiern gab es zwei WM-Titel, angestoßen wurde natürlich mit Martini.

Mit dem Spar-Etat von rund 5,5 Millionen Mark sicherte sich Porsche in der Saison 1976 sowohl den Titel in der mit Produktionswagen nach Gruppe-5-Reglement ausgetragenen Markenweltmeisterschaft als auch den Titel in der Sportwagen-Weltmeisterschaft, die für Gruppe-6-Fahrzeuge ausgeschrieben war.

PORSCHE

In den Farben des Erfolgs

Doppelweltmeister-Sondermodell des 924 im Renn-Look der werkseitig eingesetzten Martini-Porsche: weiß mit blauen und roten Streifen; Sitze und Rücksitze mit roten Mittelbahnen und blauen Nahtkanten, Teppichboden und Kofferraumauskleidung in Rot. Mit Lederlenkrad, Stabilisatoren vorn und hinten und Weltmeister-Sonderplakette. Mit 185/70 HR 14 Reifen auf weiß lackierten Leichtmetallfelgen 6 J x 14. Und selbstverständlich mit Porsche-Langzeit-Garantie.

Dr.-Ing. h. c. F. Porsche AG Stuttgart-Zuffenhausen · Printed in Germany · Entwurf Werbeagentur Stringer

In Sektlaune brachte Porsche innerhalb eines Jahres 3000 Einheiten der limitierten Martini-Sonderserie (o.) auf den Markt. Sitze, Teppiche und Zierstreifen waren in den Farben des Sponsors gehalten.

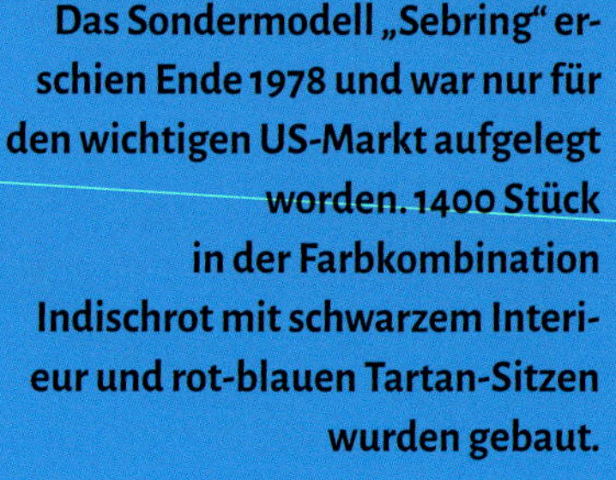

Das Sondermodell „Sebring" erschien Ende 1978 und war nur für den wichtigen US-Markt aufgelegt worden. 1400 Stück in der Farbkombination Indischrot mit schwarzem Interieur und rot-blauen Tartan-Sitzen wurden gebaut.

Scirocco, gehörten Sitze aus dem 911 SC mit braunem Kunstleder und beigfarbenen Nadelstreifen-Mittelbahnen, ein Lederlenkrad und getönte Scheiben rundum. Radio und Leichtmetallräder waren serienmäßig.

Anlass der Sonderedition war der Verkauf des 10.000. Porsche in der Schweiz im Dezember 1977. Die Idee eines Modells in den Landesfarben Rot und Weiß konnte sich zu diesem Zeitpunkt im August 1977 ebenso wenig durchsetzen wie der Vorschlag, ein 924-Luxus-Modell zu kreieren. Mit Mehrausstattungen wie Klimaanlage, Radio, elektrischer Antenne, Lederlenkrad, herausnehmbarem Dach, Scheinwerfer-Reinigungsanlage sowie Heckscheibenwischer und Kofferset sollte der in Petrol-Metallic lackierte Luxus-924 die Brücke zum 928 schlagen.

Vom Sondermodell für den französischen Markt (M427) baute Porsche 1978 wiederum nur 100 Einheiten. Schwarzer Nadelstreifenstoff und Lack in Dolomitgrau-Metallic waren Teil des Pakets. Im gleichen Jahr erschien eine „Limited Edition" (M426) für die USA, immerhin in einer Stückzahl von 1800 Exemplaren. Auch diese waren in Dolomitgrau-Metallic lackiert, trugen aber Pascha-Stoff.

Zum Jahreswechsel 1978/79 erschien der 924 „Sebring" (M429), wieder nur für die USA gebaut, wo der 924 große Verkaufserfolge erzielte. 1400 Stück in der klassischen Kombination aus Lack in Indischrot, schwarzem Interieur mit rot-blauen Schottenkaro-Sitzen gingen in die USA. Im Sommer 1979 folgten 600 USA-Einführungsmodelle des 924 Turbo in charakteristischer Bicolor-Lackierung in Diamantsilber und Dolomitgrau-Metallic.

Die auf dem Mitteltunnel montierte Plakette erinnerte an die WM-Erfolge.

Spezial-Editionen für die ganze Welt

Für den Export in die Schweiz wurde 1979 das nächste Modell aufgelegt. Mit Lack in Pearl-Metallic, feinen Zierstreifen und beige-braunem Innenraum, der honigfarbene Nadelstreifenstoff war für den 924 sonst nicht zu bekommen, war die 300 Mal gebaute Variante „Kork" eine vornehme Erscheinung.

Italien erhielt Anfang 1980 sein erstes Sondermodell: 150 Autos, lackiert in Schwarzmetallic, ausgerüstet mit schwarzen Sitzen mit weißen Nadelstreifen. Im Spätherbst 1980 wurde die 924-Baureihe um ein weiteres Sondermodell ergänzt, das im Vergleich zum kontrastreichen „Weltmeister"-Spezial-Typ in Martini-Optik dezent ausfiel. Anlässlich der Vorstellung des sportlichen 924 Carrera GT präsentierte Porsche das Sondermodell „Le Mans" in Alpinweiß und mit dreifarbigem (gelb, schwarz, rot) Dekorstreifen sowie „Le Mans"-Schriftzug auf den Kotflügeln. Wieder lautete der M-Code 426.

Die Anzahl der gebauten Einheiten war oft drei-, manchmal vierstellig, ein Sondermodell für die Schweiz kam nur auf 30 Exemplare.

Abweichend von der serienmäßigen Innenausstattung des 924 besaß der „Le Mans" Sitze mit schwarzem Kunstleder und schwarzem Nadelstreifenstoff sowie weißen Kedern und ein Vierspeichen-Sportlenkrad mit 360 Millimetern Durchmesser. Die Schweller zierten Folien mit 924-Schriftzug. Darüber hinaus gab es ab Werk ein Fünfganggetriebe, Sportstoßdämpfer, Stabilisatoren an Vorder- und Hinterachse sowie den sonst dem 924 Turbo vorbehaltenen Heckspoiler und 6 x 15-Zoll-Leichtmetallräder in der Speichenoptik des 924 Turbo mit Reifen im Format 205/60 HR 15. Der Preis für einen 924 „Le Mans" lag 1980 bei 31.760 Mark. Mit einer Stückzahl von 1030 Exemplaren gehörte der „Le Mans" zu den auflagenstarken Spezial-Ausführungen.

Das für den US-Markt bestimmte, 400 Mal gebaute Modell „Weissach" aus dem Frühjahr 1981 war Teil eines Dreigestirns bestehend aus 911, 928 und 924. Zum Lack in Platinmetallic gehörte eine braune Innenausstattung. Vom Sondermodell „50 Jahre Porsche" (M402) liefen 1981 nur 589 Einheiten für Deutschland und 425 Stück für den Rest der Welt vom Band. Im Gegensatz zu vielen anderen Sondermodellen wurden der Jubiläums-Typ und die Weissach-Edition für die Typen 911, 928 und 924 sowohl in Deutschland als auch auf anderen Märkten angeboten.

Während der 924 die Farbe Zinn-Metallic trug, wurden die für Deutschland gebauten 200 Porsche 911 SC und 140 Porsche 928 S ausschließlich in Meteormetallic ausgeliefert. Allen drei Jubiläums-Modellen gemeinsam war die aufgewertete Innenausstattung, die Kopfstützen trugen einen eingestickten „F. Porsche"-Schriftzug.

Die weiteren Sondermodelle kamen nur noch auf kleinere Stückzahlen. Ganze 30 Exemplare wurden 1981/82 für die Schweiz gebaut (M449). In der Kombination aus Lack in Alpinweiß, schwarzer Innenausstattung, schwarz-rotem Nadelstreifenstoff und umlaufenden Streifen ähnelte die Schweiz-Edition stark dem Le-Mans-Modell.

Ein weiteres schwarz-schwarzes Italien-Sondermodell in einer Auflage von 100 Stück schloss sich Anfang 1982 an, die USA erhielten zum Modelljahr 1988 das letzte Spezial-Angebot. Der 924 „Special Edition" (M756) war schwarz lackiert und verfügte über eine weinrote Innenausstattung mit grauem Flanellstoff und weinroten Streifen. 500 Stück, sehr ähnlich den deutschen 924-S-Exclusiv-Modellen, wurden gebaut.

Als Exkurs des eigenen Sondermodell-Programms entstanden 100 Autos der Typen 911, 924, 944 und 928, die 1983 für eine Marketing-Aktion der Firma Kenwood mit einem HiFi-System ausgerüstet wurden. Eine Plakette am Handschuhfach mit der Gravur „Porsche Kenwood Le Mans" sowie ein Schriftzug am vorderen Kotflügel kennzeichneten diese Werbeträger, von denen 25 Stück auf 924-Basis entstanden.

Insgesamt 14 Sondereditionen, je nach Betrachtungsweise auch mehr oder weniger, brachte Porsche in über zehn Jahren auf den Markt, plus weitere Modelle, deren Charakter jedoch eher einer offiziell verfügbaren Ausstattungs-Variante glich. So war der 924 Turbo ab dem Modelljahr 1983 nur noch in Italien erhältlich, während auf dem Heimatmarkt der 924 Exclusiv (M755) als besonders hochwertig konfigurierter Vertreter der Baureihe in den Handel ging.

Noch exklusiver und spezieller waren jene 924 S, die 1988 zum Ende der Laufzeit mit „Kälteanlage, Servolenkung, Lederlenkrad und stärkerer Batterie" für 50.700 Mark auf dem Heimatmarkt verkauft wurden. Passend dazu bot Porsche ein Anbaukit an. Dazu gehörten ein mit drei horizontalen Lüftungsschlitzen versehener Frontspoiler, Flügelheckschürze (ähnlich der des 944 Turbo) sowie Seitenschweller und Montageteile. Auf Wunsch konnte der Spoilersatz in Wagenfarbe lackiert werden – die letzte Sondermaßnahme für das letzte 924-Sondermodell.

Attraktives Angebot. Der Ausstattungs-Code des 924 „Le Mans" lautete M426. Dekorstreifen in den Porsche-Farben gehörten dazu, außerdem ein Lenkrad mit 360 mm Durchmesser, Fünfganggetriebe, Turbo-Heckspoiler und Leichtmetallräder im Turbo-Look.

HH-DD 825

Motorsport
Rallye, Rekorde & Rundstrecke

Sollte er überhaupt im Rennsport starten? Die vielen Väter und Verantwortlichen, die an Konstruktion und Weiterentwicklung des 924 beteiligt waren, waren sich wohl selbst nicht immer sicher, geschweige denn einig.
Seit dem Auslaufen der Homologation des 917 und dem damit verbundenen Ende des anspruchsvollen Prototypen-Motorsports waren die sportlichen Erfolge wieder für den 911 reserviert. Der Mythos der Marken-Ikone, des Zugpferds im Modellprogramm, speiste sich auch aus Titeln und Preisen, die auf Pisten und Rennstrecken gewonnen wurden. Die Erfindung des 911 Carrera RS 2.7 und der Einsatz des vom 911 Turbo abgeleiteten 934 waren Teil dieser Politik. Die vorhandenen Kräfte wurden dorthin umgeleitet; was dem 924 zuzutrauen war, blieb hingegen ungewiss.

Kaum eine Motorsport-Karriere im Hause Porsche nahm wohl auch deshalb so viele Kurven wie die des 924. Dennoch glänzte er mit Vielseitigkeit. Bei Rallies und auf der Rundstrecke, im privaten Breitensport bis zum schließlich werksseitigen Langstreckenrennsport ging der 924 an den Start – mal mehr, mal weniger gewollt.

Der Auftakt in Form einer Rekordfahrt, die mit großen Plänen begann und unprosaisch im Firmen-Fundus endete, schien symptomatisch für den weiteren Sportweg des 924.

Rekordfahrt ohne Ergebnis

Ein Jahr nach dem Debüt erhielt die Versuchs-Abteilung am 27. August 1976 von der Entwicklungsleitung den Auftrag, einen 924 zu entwerfen, der Rekorde einfahren sollte. Die Order entsprang einer Marketing-Idee, welche die Leistungsfähigkeit und Wirtschaftlichkeit des neuen Porsche in den Mittelpunkt stellen sollte, und erreichte die Ingenieure in einer kurzen Hausmitteilung. „In der GL am 25.8.76 wurde bestimmt, dass mit dem Typ 924 Langstreckenrekordversuche unternommen werden sollen, die der Werbewirksamkeit wegen nach Möglichkeit in den USA gefahren werden sollen." Punkt.

NIEMAND BEI PORSCHE WUSSTE,
WAS DEM 924 ZUZUTRAUEN WAR.

Den Ausschlag gaben Rekordfahrten der Stuttgarter Nachbarn von Daimler-Benz, die im Juni 1976 mit dem von einem Dieselmotor angetriebenen Versuchswagen C 111 im italienischen Nardo mehrere Weltrekorde aufgestellt hatten. 10.000 Kilometer legte der C 111 dabei mit einem Schnitt von 252,249 km/h zurück.

Viel Zeit für die Vorbereitung blieb nicht, als vorläufiger Endtermin für den Versuchs-Auftrag mit der Nummer 926/48-501 war der 28. Februar 1977 vorgesehen. Für die Transformation des Serienautos zum Hochgeschwindigkeits-Rekordwagen skizzierte der zuständige Projektleiter Norbert Singer am 22. Oktober 1976 sechs wesentliche, handschriftlich auf ein kariertes Blatt notierte Punkte, die zum Erfolg führen sollten:

1. Turbo-Motor einbauen
2. Fünfgang-Getriebe einbauen
3. 200 Liter Kraftstofftank + Tankanl.
4. Fahrwerküberarbeitung: evtl. 911-Achsen (Radlager!)
5. Fahrzeugerleichterung
6. Karosserieänderungen für Motorraumbelüftung und Verbesserung des Luftwiderstands.

Eine Motorleistung von 250 PS bei 5500/min und eine errechnete Höchstgeschwindigkeit von 280 km/h wurden angepeilt. Die geforderte PS-Zahl war bereits Ende 1976 erreicht, die Optimierungen der Aerodynamik (vor allem durch nahezu vollständig verkleidete Räder) wurden im VW-Windkanal einer Prüfung unterzogen: mit einem hervorragenden c_W-Wert von nur 0,268 zeigte sich der überarbeitete 924 ideal vorbereitet.

Auf der Zielgeraden tat sich die erste Schikane auf. Kurzfristig fiel im Mai 1977 die Entscheidung, die Rekorde nicht mehr auf dem Oval des Transportation Research Center (TRC) von Ohio zu fahren, sondern ebenfalls auf der Fiat-Anlage in Nardo. „Die Fahrt sollte zeitlich so gelegt werden, dass das Fahrzeug im Erfolgsfalle auf der Frankfurter IAA (Beginn 15.9.77) ausgestellt werden könnte. D. h. der Rekordversuch müsste in der letzten August- oder ersten Septemberwoche laufen, wobei eine evtl. Wiederholung mit einzuplanen ist", notierte Chefingenieur und Leiter des Pkw-Versuchs, Paul Hensler, im Mai 1977.

Mit Jacky Ickx, Jürgen Barth, Günther Steckkönig und Eberhard Braun standen bereits die Fahrer fest, als kurz vor Beginn der Fahrten (und nachdem die angenommenen Kosten von rund 272.000 Mark um fast das Doppelte auf 500.000 DM gestiegen waren) der Versuch gestoppt wurde. Da die zu erzielenden Werte nur sehr knapp über jenen der Daimler-Benz-Truppe liegen würden und dort ebenfalls weitere Rekord-Fahrten in Planung waren, beendete Prof. Ernst Fuhrmann das Projekt noch vor dem Start. Statt auf die Rundstrecke fuhr der 924-Weltrekordwagen ins Museum – von den Erfahrungen sollte Porsche jedoch zu einem späteren Zeitpunkt profitieren.

Rallye-Start mit Hindernissen

1978 waren es Porsche-Sport-Referent Jürgen Barth und die Techniker Roland Kussmaul und Helmut Ristl, die als erste den Anlauf unternahmen, mit dem Porsche 924 in den professionellen Motorsport einzusteigen. Zur Rallye Monte Carlo 1979, so der Plan im September 1978, sollten zwei privat vorbereitete 924 Turbo an den Start gehen.

Zwei Jahre zuvor hatte Barth die Rallye Monte Carlo auf Opel Kadett absolviert, war 1978 auf Toyota an den Start gegangen. „Aus reinem Idealismus, so wie auch mit dem 924. Damit man up-to-date ist und weiß, wovon man redet."

Natürlich schwang der Gedanke eines Werkseinsatzes mit, aber dafür war es noch zu früh. „Am Anfang gab es die klare Ansage, dass Motorsport mit dem

Die Erfolge des Rekord-924 sollten auf der IAA 1977 Zeugnis von der Wirtschaftlichkeit des Einsteigermodells ablegen.

Die Arbeiten an der Aerodynamik waren abgeschlossen, der Renntank installiert und der Rekordmotor mit 250 PS eingebaut. Statt an die Startlinie rollte der Rekordwagen in den Museums-Fundus; der technische Stand des Fahrzeugs entspricht dem Jahr 1977.

KOSTEN UND KONKURRENZ BRACHTEN DAS EHRGEIZIGE PROJEKT ZU FALL.

Rallye Monte Carlo 1979: Jürgen Barth (l.) und Roland Kussmaul belegten auf ihrem in Eigenarbeit vorbereiteten 924 trotz fehlender Turbo-Power den 20. Platz im Gesamtklassement.

924 nicht erlaubt sei, aus Angst um den 911", sagt Jürgen Barth (69) fast 40 Jahre später. „Obwohl der Wagen dank der gleichmäßigen Gewichtsverteilung denkbar gut geeignet war. Dann haben es die Überväter Peter Falk und Helmuth Bott doch erlaubt." Die Rallye-Initiative ging auf Barth, Kussmaul und Ristl zurück, kurz darauf stießen Alex Janda, Verkaufsleiter des Würzburger Porsche-Händlers Spindler, und Kurt Roth, Besitzer eines Kran-Unternehmens, dazu.

Auf eigene Rechnung erwarb Barth vom Werk zwei gebrauchte 924 Turbo, in Feierabend- und Wochenendarbeit wurden die beiden Wagen in hunderten von Stunden in der Werkstatt Kurt Roths auf den Rallye-Einsatz vorbereitet. „Mit Dauertestwagen haben wir die Kilometer zwischen Stuttgart und Würzburg abgespult", sagt Barth. Auch das sei ein Teil der inoffiziellen Unterstützung des Werks gewesen.

Aber auch dieser erste Versuch, Porsches Vierzylinder-Modell sportlich zu positionieren, schien unter keinem guten Stern zu stehen. In Folge eines sechswöchigen Stahlarbeiterstreiks fehlte es in der Fertigung an Material, die Produktion des 924 Turbo wurde heruntergefahren, und die für die Homologation notwendigen 400 Exemplare konnten bis zum Stichtag 31.12.1978 nicht mehr produziert werden. Ein Start des 924 Turbo war nicht zulässig.

Auch die guten Verbindungen Jürgen Barths zur FIA halfen nichts, „Wir mussten umplanen. Vom Werk haben wir zwei serienmäßige Motoren bekommen." Statt des neuen aufgeladenen 170 PS-Triebwerks kam nun eben der bekannte Sauger mit 125 PS zum Zug.

„Die meiste Arbeit war ja schon getan. Die Öffnungen in der Turbo-Haube haben wir mit Aufklebern und dem Rallyeschild verschlossen." Das modifizierte leichtere Armaturenbrett, das verstärkte Fahrwerk, das Fünfganggetriebe und die mit vier innenbelüfteten Scheiben operierende Bremsanlage blieben erhalten. Doppelte Zündanlage und zwei Benzinpumpen sowie Kotflügelverbreiterungen an der Vorderachse ergänzten die Umbauten. Als Sponsor konnte die IT-Firma Insyte International gewonnen werden, die mit großen Aufklebern für ihr EDV-Programm Datacom warb.

Aus dem geplanten Renn- wurde bei der Fahrt von Hanau ins Fürstentum ein Testeinsatz in der Gruppe 4, der für Barth und Kussmaul mit einem befriedigenden 20. Platz im Gesamtklassement und einem 4. Platz in der Klasse endete. Der zweite Wagen des Teams Janda/Ristl war bereits bei der ersten Sonderprüfung mit einem Kupplungsschaden ausgefallen.

Rallye Monte Carlo 1979: Ein Stahlarbeiter-Streik verhinderte die rechtzeitige Homologation des 924 Turbo, so dass Barth/Kussmaul mit dem serienmäßigen 125 PS-Saugmotor an den Start gingen.

„AM ANFANG GAB ES DIE ANSAGE, DASS MOTORSPORT MIT DEM 924 NICHT ERLAUBT SEI."

Einsätze in Afrika und Australien

Der erste Auftritt mit homologierter Turbo-Technik erfolgte im April 1979 bei der Safari-Rallye. Jürgen Barth, der schon Lehre und Ausbildung bei Porsche absolviert hatte, war wohl der erfahrenste Rallye-Pilot in Porsche-Diensten und nebenbei eine Allzweckwaffe der Sportabteilung. 1977, eine Woche nach seinem an der Seite von Jacky Ickx und Hurley Haywood herausgefahrenen Sieg in Le Mans auf Porsche 936, begleitete er mit dem Werkzeugkasten in der Hand als Mechaniker den Polen Sobieslaw Zasada zur zermürbenden London-Sidney-Rallye. Eine ausgerissene Lenkung stoppte den führenden Zasada, der am Ende deshalb nur 13. wurde.

„So war das damals: organisieren, Rennen fahren, Service machen. Freizeit war eigentlich nicht vorgesehen. Rennleiter Peter Falk und Werkstattmeister Günther Kern verbrachten beispielsweise ihren Urlaub in Kenia, um uns 1979 bei der Safari-Rallye zu unterstützen."

Peter Falk, der Chef persönlich, reiste mit Barths Freundin und einem Freund Roland Kussmauls hinterher und arbeitete dem Team im 924 Turbo zu. Höhere Kompression und eine modifizierte Auspuffanlage sorgten bei geringerem Ladedruck für eine leicht gestiegene Leistung von 180 PS. Um das Fehlen eines teuren

„RENNLEITER PETER FALK VERBRACHTE SEINEN URLAUB IN KENIA, UM UNS BEI DER SAFARI RALLYE ZU UNTERSTÜTZEN."

Flugzeugs als Funkrelaisstation auszugleichen, ließ Falk von erhöhten Positionen aus ein absisoliertes Radio-Kabel an mit Wasserstoff gefüllten Ballons in den Himmel steigen. So ließen sich auch weite Funk-Distanzen überbrücken.

Aber die schweren Bedingungen auf afrikanischen Knüppelpfaden setzten dem 924 Turbo merklich zu. Jürgen Barth: „Auf den schlechten Pisten setzte der Wagen hinten immer wieder auf, so dass sich die Karosserie stauchte und bald unfreiwillig Kotflügelverbreiterungen aufwies. Ständig mussten wir schweißen, manchmal auch nur mit der Sonnenbrille auf der Nase." Die Boge-Dämpfer des 924 Turbo hielten den Belastungen nicht stand, wurden undicht. „Zwei Tage lang hat Falk über dem Problem gegrübelt und dann die Ölmenge reduziert; danach funktionierten sie." Eine gebrochene Klemmhülse zwischen Getriebe und Transaxle-Rohr ging schließlich kaputt und sorgte für den Ausfall. Bis dahin hatte das Team Barth/Kussmaul auf Platz 10 im Gesamtklassement gelegen. „Anschließend wurde in der Produktion ein verstärktes Teil verbaut", sagt Jürgen Barth. „So flossen unsere Erfahrungen bei Renneinsätzen direkt in die Serie ein."

Im Juli 1979 ging es nach Australien zum „Repco Reliability Trial". Barth: „Der australische Porsche-Importeur Alan Hamilton wünschte sich für den 924 eine ordentliche Promotion-Aktion und bereitete ein Auto für uns vor. Dank anderer Nockenwellen und höherer Verdichtung leistete der Saugmotor 140 PS, wir waren also gut vorbereitet."

Mit 19.870 Kilometern zwischen Start- und Zielpunkt Melbourne und 13.250 Kilometern Wertungsprüfungen auf Schotter stellte die Rallye eine enorme Belastung für Mensch und Material dar. „Wir waren die Einzigen, die nur zu zweit im Auto saßen. Alle anderen Teams, darunter auch solche mit Profis wie Rauno Aaltonen oder Shekar Mehta, fuhren zu dritt oder zu viert, damit immer einer hinten schlafen konnte. Die fuhren Holden Commodore, eine dicke Limousine, da ging das."

Nach rund 17.000 Kilometern und unterwegs improvisiert eingeschweißten Verstärkungen am Hinterwagen riss ein Felsbrocken während einer Prüfung in den Bergen dem auf Platz 4 liegenden 924-Team eine hintere Bremsleitung ab. „Es ging bergab! Zum Abbremsen mussten wir den Wagen in die Felswand setzen, im Anschluss haben wir uns überschlagen. Dabei habe ich mir den Mittelhandknochen gebrochen; mit verbundener Hand bin ich weiter gefahren."

Von den 167 gestarteten Mannschaften kamen gerade einmal zwölf ins Ziel. Barth und Kussmaul, abgemagert und gezeichnet von den Strapazen, belegten Platz Acht und feierten den ersten internationalen Klassensieg eines Porsche 924 bei einer Rallye.

Obwohl sich die Motorsport-Aktivitäten des 924 mehr und mehr auf die Rundstrecke verlagerten, blieb das Team Barth/Kussmaul dem eigenen Rallye-Engagement treu. Mit einem bei Porsche vorbereiteten 924 reichte es bei der Rallye Monte Carlo des Jahres 1980 für einen 19. Platz – eine Platzierung unter den ersten 20 war das offizielle Ziel des Einsatzes gewesen. „Unser Auto war im Grunde genommen ein Vorläufer des 924 Carrera GT, der Motor besaß bereits einen Ladeluftkühler. Man kann schon sagen, dass der Rallye-Einsatz des 924 der Startschuss für Entwicklung und Produktion der Carrera GT- und GTS-Modelle war."

Die Hoffnungen auf einen Einstieg des Werks in den Rallye-Sport erfüllten sich jedoch nicht, obwohl Jürgen Barth auch in Deutschland an den Start ging, so wie bei der Rheinhessen-Rallye, wo es für Platz 14 reichte. In Porsches Sportabteilung hatten die Verantwortlichen ganz andere Pläne. Der 911 sollte auf Asphalt und Schotter eingesetzt werden, der 924 auf der Rundstrecke Lorbeeren verdienen – bis eine Welle unvorhergesehener Ereignisse dem Unternehmen den amtierenden Rallye-Weltmeister vor die Tür spülte, was doch noch einen werksunterstützten Rallye-Einsatz zur Folge hatte.

Repco Rallye 1979: Die Langstreckenfahrt über 17.000 Kilometer durch den australischen Busch zermürbte Mensch und Maschine, doch am Ende stand der erste internationale Klassensieg eines 924 bei einer Rallye.

TROTZ GUTER ERGEBNISSE BLIEB DAS WERK DEM RALLYE-SPORT FERN.

Repco Rallye 1979: Von den 167 gestarteten Teams kamen nur zwölf ins Ziel. Jürgen Barth (l.) und Roland Kussmaul belegten den 8. Platz.

Rallye-Weltmeister als Gastfahrer

1980 waren Walter Röhrl und Copilot Christian Geistdörfer auf Fiat 131 Abarth zum ersten Mal Rallye-Weltmeister geworden. Nach einem kurzen Engagement bei Mercedes-Benz und dem hastigen Rückzug ihres neuen Arbeitgebers aus dem Rallye-Sport standen die Weltmeister ohne Arbeitsgerät da. Die Etats anderer Hersteller waren verplant, die Fahrer unter Vertrag verpflichtet, die neue Saison war bereits im Gange.

„Ein langfristiges Angebot wie von Mercedes-Benz, das wollte ich. Heute bin ich auf Autosuche, was mir in meiner Laufbahn noch nie passiert ist", erklärte Walter Röhrl 1981 im *Aktuellen Sportstudio*. Die Sendung diente als Bühne des Interims-Einsatzwagens, des neuen 924 Carrera GTS. „Eine sehr, sehr gute Basis, wie ich glaube. Außerdem bin ich seit jeher ein Porsche-Fan, auch bedingt durch meinen älteren Bruder."

Porsche hatte die Gunst der Stunde genutzt und dem Duo Röhrl/Geistdörfer für den Rest der Saison bei Läufen zur Europäischen und der Deutschen Meisterschaft einen 924 zur Verfügung gestellt. Den Kontakt hatte Konrad Schmidt, Chef eines Nürnberger Tuning-Betriebs, hergestellt, im direkten Gespräch wurden sich Entwicklungs-Chef Helmuth Bott und Porsche-Fan Walter Röhrl schnell einig.

Als Sponsor wurde der Cognac-Hersteller Monnet verpflichtet. Die Arbeitsteilung sah vor, dass die Entwicklungsarbeit unter Leitung Jürgen Barths und Roland Kussmauls in Weissach geleistet wurde, während Schmidt Motorsport für Einsätze und Service verantwortlich zeichnete.

Bei der Metz-Rallye im Mai 1981, dem ersten von sieben ausstehenden Läufen der Deutschen Rallye-Meisterschaft, gingen Röhrl/Geistdörfer das erste Mal an den Start. Dem goldfarben-schwarz lackierten Monnet-Porsche fehlte es noch an der optimalen Abstimmung, um ganz vorne mitzufahren. Eine defekte Ölpumpe und eine gebrochene Achsschwinge bremsten Röhrl/Geistdörfer ein, außerdem erwiesen sich die vorderen Federbeine, gemacht aus einer speziellen Alumini-

„Unser Rallye-Auto war im Grunde genommen ein Vorläufer des Carrera GT und der Startschuss für dessen Entwicklung."

um-Legierung, unter hohen Belastungen als labil. Trotzdem belegte das schnell formierte Porsche-Team Platz 2 in der Gesamtwertung.

„Man muss mit dem Auto sehr präzise fahren", gab Walter Röhrl der Fachzeitschrift *rallye racing* zu Protokoll. „Die volle Kraft setzt erst bei 5000/min ein. Man muss also früh bremsen und vor dem Eck schon Gas geben, damit die volle Kraft am Kurvenausgang zur Verfügung steht."

Beim nächsten Lauf im Juni 1981, der Hessen-Rallye, war dann aber doch alles wieder wie immer: Souverän fuhren Röhrl und Geistdörfer den Sieg nach Hause. Drei weitere erste Plätze folgten: im Juli bei der Serengeti-Safari-Rallye rund um Bremen (!), im August bei der Rallye Vorderpfalz und bei der Baltic Rallye. Die Weltmeister machten nur kurz Halt: „Porsche stellte für uns nur eine Interimslösung dar, weil man sich dort nicht dazu durchringen wollte, im Konzert der großen, der Weltmeisterschaft also, anzugreifen", erinnert sich Christian Geistdörfer 30 Jahre danach.

Auch andere Teams gaben dem 924 die Chance, sich zu bewähren. Im April 1981 startete der französische Rallye-erprobte Porsche-Importeur Almeras auf 924 GTS erstmals im Kurvenlabyrinth der Korsika-Rallye, die für das Team jedoch mit einem Unfall endete. Zu einem Gastauftritt kamen auch Röhrl/Geistdörfer, die den von Almeras in der Rallye-WM eingesetzten 911 SC bei der Rallye Sanremo fuhren. Bei der belgischen Rallye Boucles de Spa trat Rundstrecken-Spezialist Jacky Ickx im geliehenen, mit neuer Farbgebung versehenen Monnet-Porsche an.

1982 waren es erneut Jürgen Barth und Roland Kussmaul, die bei der Rallye Monte Carlo an den Start gingen. Auf dem Almera 924 GTS belegten sie den 2. Platz in der Gruppe 4 bis 3000 cm³ und den 10. Rang im Gesamtklassement.

Drei Jahre nach dem ersten Start bei einer der ersten Monte war auch ab Werk offiziell eine Rallye-Version für Privatfahrer zu haben: 245 PS stark und gut für eine kurz übersetzte Spitze von 185 km/h. Im aufziehenden Zeitalter von hoch spezialisierten Rallye-Fahrzeugen mit Allradantrieb und auf die Spitze getriebener Turbotechnik, wie sie Gruppe B bald möglich machte, blieb der 924 jedoch chancenlos und ein Fall für Privatfahrer.

„Die volle Kraft setzt erst bei 5000/min ein. Man muss mit dem Auto sehr präzise fahren."

Deutsche Rallye-Meisterschaft 1981: Die Lackierung in den Farben Schwarz und Gold des Cognac-Herstellers Monnet sorgte für einen hohen Wiedererkennungswert des 924 Carrera GTS.

DIE ARBEITSLOSEN WELTMEISTER STARTETEN AUF PORSCHE IN DER RALLYE-DM 1981.

Konrad Schmidt (l.) übernahm Einsatz und Service, Jürgen Barth die Entwicklung. Für Walter Röhrl und Christian Geistdörfer blieb das Porsche-Engagement eine Fingerübung.

PORSCHE WOLLTE NICHT IN DIE RALLYE-WM, ÜBERLIESS DEN EINSATZ PRIVATFAHRERN.

Rallye Monte-Carlo 1982. Barth/Kussmaul starten ein letztes Mal auf einem 924 bei der Monte und erleben ihre beste Platzierung. Am Ende belegen sie im Carrera GTS des Porsche-Importeurs Almeras den 2. Platz in der Klasse und werden Zehnte gesamt.

Erfolge in Übersee

Seit Porsche in den USA Autos verkaufte, waren 356 und 911 fester Bestandteil der dortigen Clubsport-Szene. Als wichtigste und traditionsreichste Rennserie für Amateure und Fortgeschrittene galt die des Sports Car Club of America (SCCA), wo alljährlich in hunderten von Ausscheidungs-Rennen und in insgesamt acht Klassen die Teilnehmer für die Meisterschaftsfinals auf der Road-Atlanta-Rennstrecke in Georgia ermittelt wurden.

Im Sommer 1979 stellte Porsche in Weissach den ersten nach Regularien der seriennahen D-Production-Kategorie (Stückzahl größer als 1000 Einheiten/Jahr) entwickelten 924 SCCA vor. In der populären, weil kostengünstigen Klasse traf Porsche auf etablierte Konkurrenz: Datsun 260 Z, Triumph TR7 und Mazda RX7 hießen die wichtigsten Gegner bei den seriennahen Sportwagen.

Die seit mehr oder weniger langer Zeit im SCCA-Rennsport vertretenen 356 Speedster, 911, 914-4 und 914-6 erwiesen sich zwar als gelegentlich noch erfolgreich, jedoch waren diese „alten Fahrzeuge durchweg rein optisch nicht mehr werbewirksam", wie es in einer Aktennotiz im Vorfeld des 924-SCCA-Entwurfs hieß.

> Die Ende der 70er im SCCA-Rennsport vertretenen 356, 911 und 914 sind „durchweg rein optisch nicht mehr werbewirksam."

Im Anschluss an die Vorstellung des 924 SCCA übergab das Unternehmen den Wagen dem Porsche-Audi-Competition-Center in New Jersey als Muster für Händler-Teams und Tuning-Betriebe und weitere Umbauten nach geltendem SCCA-Reglement. Zu den auffälligsten Änderungen gehörten hintere Kotflügelverbreiterungen und ein großer Frontspoiler. Die Bremsanlage der SCCA-Version stammte vom 924 Turbo, außerdem verfügte der Wagen über ein verstärktes und auf den sportlichen Einsatz abgestimmtes Fahrwerk mit breiteren BBS-Rädern im Format 7 J x 15 mit vom Reglement vorgeschriebenen Goodyear-Racing-Reifen.

Dank einer mechanischen Kugelfischer-Benzineinspritzung, bearbeiteter Ansaugwege, erleichterten Kolben und Pleueln sowie einer durch Nacharbeit im Gewicht reduzierten Kurbelwelle plus einer höheren Verdichtung von 11,5 : 1 kam der leicht im Hubraum auf 2039 cm³ gewachsene Vierzylinder auf eine Leistung von 180 PS bei 7000/min. Für das Fünfganggetriebe bot Porsche auswechselbare, an das Streckenprofil anzupassene Übersetzungen an. Ein 80-Prozent-Sperrdifferenzial und eine Einscheiben-Trockenkupplung waren obligatorisch.

Die Karosserie wurde durch einen Überrollkäfig stabilisiert und zeigte sich abgespeckt bis aufs nackte Blech; 970 Kilogramm, unter Einsatz von strategisch günstig platzierten Bleiplatten, gab Porsche als Kampfgewicht an. Der Rennschalensitz ließ sich mit kleineren Änderungen vom Porsche 934/935 übernehmen.

Das Ergebnis der ersten SCCA-Saison übertraf alle Erwartungen: Nach 54 Rennen in sechs Regionen kam der Porsche 924 beim Finale in Road Atlanta 1980 gleich in zwei Kategorien als Sieger ins Ziel. Vor 25.000 Zuschauern siegte Doc Bundy im Rennen der D-Production-Fahrzeuge, ein weiterer, nach einem Totalschaden im Training innerhalb von 19 Stunden neu aufgebauter 924 SCCA, wurde Vierter. Kenny Williams entschied die Klasse der serienmäßigen „Showroom Stock"-Autos für sich.

Alles in allem entstanden 16 solcher Rennwagen auf 924-Basis für den Einsatz auf amerikanischen Clubsport-Pisten, wo sie die Tradition der Typen 356 und 911 fortsetzen. Im internationalen Vergleich tat sich der 924 ungleich schwerer. „Wir fanden nicht den richtigen Weg für den 924 im Motorsport. Die Gruppe 5 lief aus, die neue Gruppe C war im Entstehen – da passte der 924 nirgendwo rein", sagt Jürgen Barth, der die Stärken des 924 eher im Rallyesport als auf der Rundstrecke sah.

Spoiler, Radhausverbreiterungen und andere Räder-Reifen-Kombinationen kennzeichneten den Weissacher Entwurf für eine 924-Rennversion für den Start im Sports Car Club of America (SCCA). Als Basis diente ein herkömmlicher 924 in US-Ausführung, wie an den Stoßstangen zu erkennen ist.

16 Fahrzeuge entstanden für die seriennahe D-Production-Kategorie.

Der klassisch getunte Saugmotor leistete 180 PS bei 7000/min.

SCCA-Meisterschaft 1980: Doc Bundy, Startnummer 14 (o.), sicherte sich beim Finallauf in Road Atlanta den Meistertitel.

Nach einem kapitalen Totalschaden konnte Tom Brennan, Startnummer 54, dank seiner Mechaniker doch noch beim SCCA-Finale 1980 antreten.

Prototypen für Le Mans

Unverhofft sorgte diese Vakanz zwischen Gruppe 5 und Gruppe C für den größten 924-Erfolg auf der großen Motorsport-Bühne. Gesucht wurde ein Nachfolger für die erfolgsverwöhnten 934 und 935. Keine leichte Aufgabe für den Neuen, schließlich hatte doch allein der auf dem 911 Turbo basierende 935 in den vier Jahren zuvor viermal die Marken-Weltmeisterschaft und zweimal die Deutsche Rennsport Meisterschaft gewonnen.

Das im Oktober 1979 in Angriff genommene und im Dezember konkretisierte Projekt „924 Le Mans" stellte deshalb hohe Anforderungen an das Team um Renn-Ingenieur Norbert Singer. Der zu entwickelnde 924 Turbo in Rennausführung sollte nicht nur 1980 in Le Mans starten, sondern auch mit Veränderungen sowohl in der Gruppe 4, der ab 1982 gültigen Gruppe B, in der GTO-Kategorie der IMSA-Serie und in der weiterentwickelten C-Production-Class nach SCCA-Reglement an den Start gehen können. Eine Herkules-Aufgabe.

Für den Auftakt brauchte es ein Auto für Le Mans. Die Basis lieferte der in Grundzügen vorhandene 924 Carrera GT, dessen Studie Porsche im September 1979 auf der IAA vorgestellt hatte und dessen Serienausführung Mitte 1980 in Serie gehen sollte. Parallel zur Vorbereitung der Serienfertigung lief die knapp ein halbes Jahr dauernde Entwicklung des Rennwagens, bei der die Ingenieure auf die Erfahrungen mit dem verhinderten Weltrekord-Wagen von 1976 zurückgreifen konnten.

Nach Tests auf dem Circuit Paul Ricard in Frankreich, im Wolfsburger Windkanal und auf dem Prüfstand, wo vier bis zu 35 Stunden dauernde Motoren-Dauerläufe simuliert wurden, ging der Le Mans-Rennwagen in die strapaziöse Dauererprobung. Dazu gehörten Regenfahrten, ein Wassertest für Motor und Elektrik bei Dauerregen mit demontierter Motorhaube, eine 1000-km-Strapaze auf der Weissacher Rüttelstrecke und ein 28-Stunden-Dauerlauf auf dem kleinen Kurs von Paul Ricard, wo der Le-Mans-Prototyp bei den gestoppten Zeiten an die Resultate früherer 911 Carrera 2.8 und 934 heran kam.

Auch wenn Norbert Singer bei der Präsentation des 924 GTP im Mai 1980 in Weissach betonte, „dass Porsche nicht den Verlockungen des Reglements erlegen" sei, also nicht alle technischen Möglichkeiten ausgeschöpft hatte, waren die Änderungen am Prototypen tiefgreifend. „Wir waren gezwungen, mit diesem Fahrzeugtyp in dieser Prototypenklasse zu melden, da das Basisfahrzeug noch nicht homologiert ist."

Auf einmal musste der 924 die große Lücke füllen, die 934 und 935 hinterlassen hatten. In Le Mans sollte er sich beweisen.

Der Motor, in den Tiefen seines Block immer noch die alte VAG-Maschine, leistete in der Le Mans-Ausführung 320 PS bei 6500/min. Für eine bessere Kühlung von Öl, Wasser und Ladeluft wurde die Anordnung der Kühler neu gestaltet und der Turbolader verlegt.

In der Form zwischen Carrera GTS und Rekordwagen, bei der Technik belastbar: Auf der Rennstrecke Paul Ricard absolvierte der 924 GTP einen 28-Stunden-Dauerlauf, ein Wassertest fand ohne Motorhaube im Regen statt.

Auftritt USA. Das Design der Drei-Nationen-Autos hatte der Brite Arnold Ostler übernommen: ein umlaufendes Band in Porsche-Farben (wie beim 924-Sondermodell „Le Mans“) plus Landesflagge auf dem Seitenteil.

„LE MANS IST EINE ENTWICKLUNGS-ETAPPE FÜR DEN NEUEN PORSCHE.“

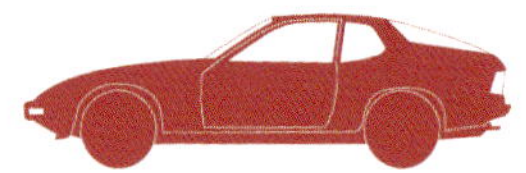
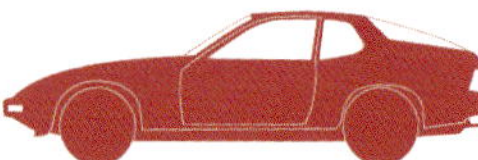
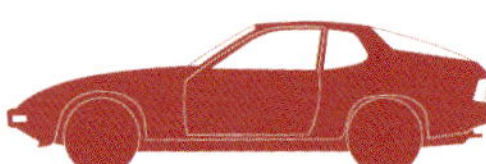
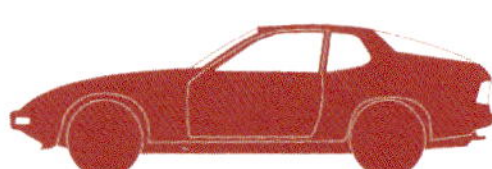

Durch voluminöse Kotflügelverbreiterungen aus GFK fanden großformatige BBS-Rennfelgen und Dunlop-Reifen Platz in den Radhäusern; dennoch war die Grundsilhouette des Ausgangsprodukts 924 Carrera GT noch deutlich zu erkennen. Nach eingehenden Torsionsmessungen versteiften zahlreiche Verstärkungen sowie ein Aluminium-Überrollkäfig die Karosserie derart konsequent, dass deren Verwindungssteifigkeit schließlich fast doppelt so hoch war wie die des 935.

Beim starr im Chassis montierten Motor handelte es sich, was Zylinderblock und -kopf betraf, noch immer um den von VW-Audi übernommenen Zweiliter-Vierzylinder. In der Rennausführung arbeitete dieser mit 1,2 bar Ladedruck und verfügte über einen, im Gegensatz zur Straßenversion, nach links verlegten Turbolader, während der Auspuff nach rechts unter dem Triebwerk entlang führte. Dadurch konnten Ladeluft-, Öl- und Wasserkühler strömungsgünstig in den Bug gerückt werden.

Kurbelwelle, Pleuel und Ventile entsprachen der Serienausführung, für den Rennbetrieb war die Ölversorgung jedoch auf Trockensumpfschmierung umgerüstet worden. Die Leistung lag bei 320 PS bei 6500/min, das maximale Drehmoment betrug 390 Nm bei 4500/min. Zur Kühlung des Fünfganggetriebes diente ein im Transaxle-Tunnel untergebrachter separater Ölkühler.

Das Transaxle-Rohr bestand aus Gewichtsgründen aus Alumimium statt aus Stahl. Viele Komponenten des Fahrwerks und des Antriebs hatten sich bereits in anderen Porsche-Rennwagen bewährt. Titan-Radnaben mit Zentralverschluss, Bilstein-Dämpferbeine und Federn aus Titan (statt herkömmlicher Drehstäbe auch an der Hinterachse) entsprachen denen des 935, ebenso die Antriebswellen.

Anstelle eines Differenzials besaß das Getriebe einen starren Durchtrieb wie beim 917-10. Auch die Bremsanlage entsprach diesem Typ, benutzte aber verstärkte Bremszangen, ähnlich jener im 936-Spyder. Mit einer Spitze von 285 km/h und Trainingszeiten von 4.07 Minuten für einen Umlauf erwies sich der 924 Carrera GTP als konkurrenzfähig. Der 924 war bereit für seinen großen Auftritt.

Mit einer Spitze von 285 km/h und Trainings-Zeiten von 4.07 min für einen Umlauf erwies sich der 924 GTP als konkurrenzfähig.

Der Rennverlauf mit viel Regen spielte dem Porsche-Team in die Karten, so profitierte der in der Leistung unterlegene 924 GTP von seiner guten Aerodynamik und dem niedrigen Verbrauch. Das deutsche Team mit der Startnummer 4 kam auf Platz 6 ins Ziel.

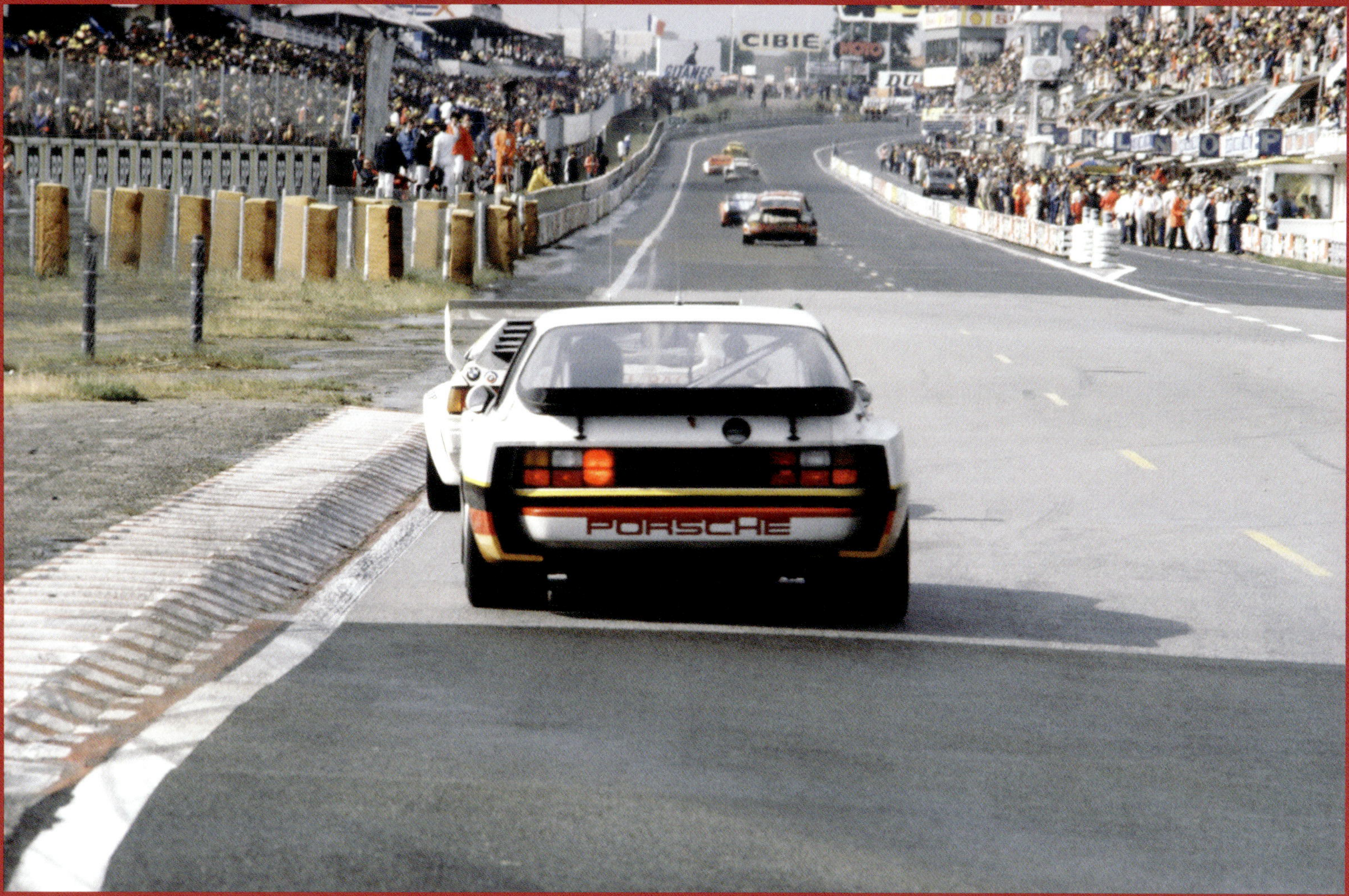
CIBIE
PORSCHE

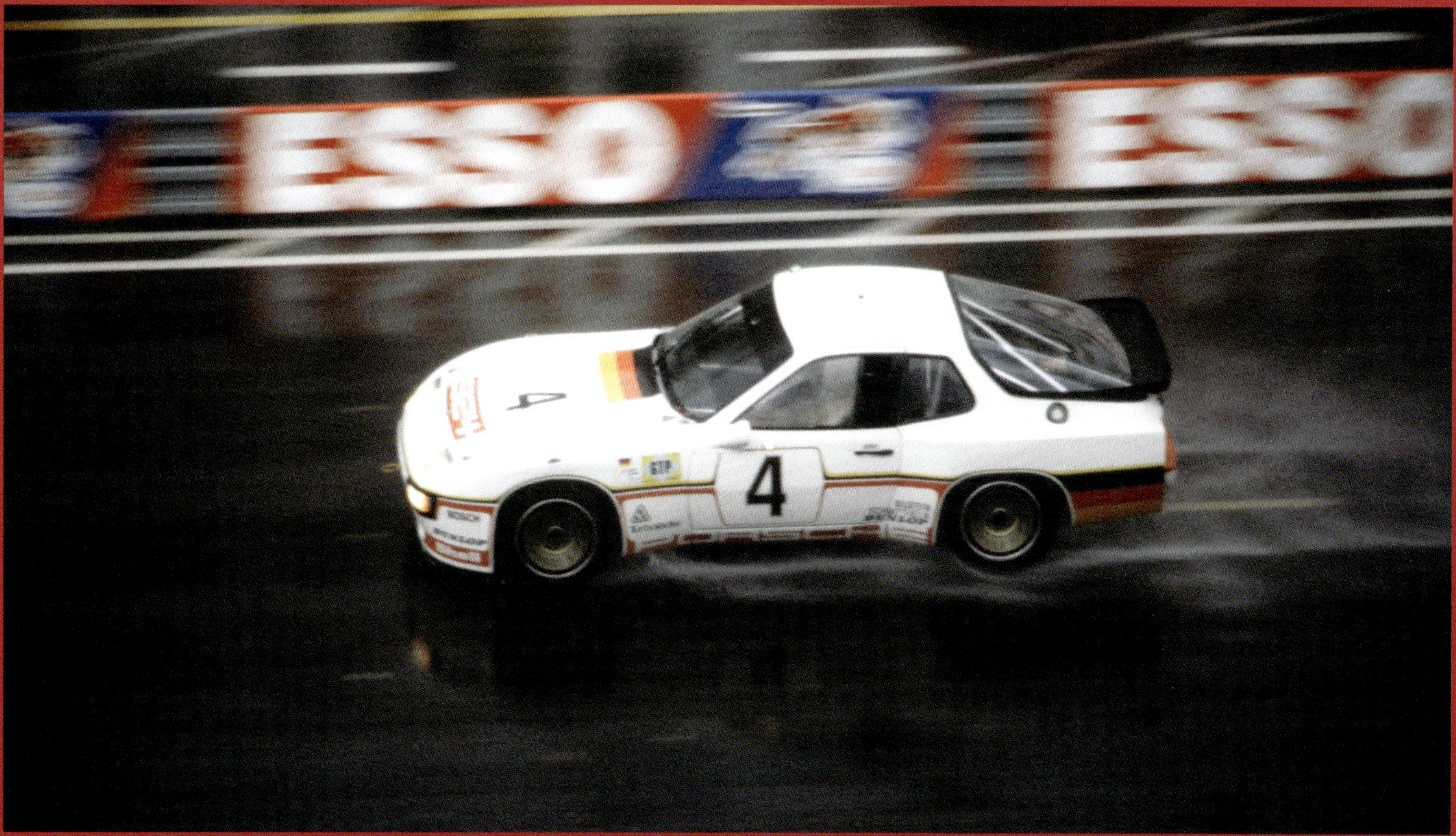
ESSO
ESSO
4
4

Drei Autos für drei Nationen

Für den Start in Le Mans am 14. Juni 1980 plante Porsche den Einsatz von drei Teams mit verdienten Fahrern unterschiedlicher Nationalitäten, als Dankeschön für die enge Verbundenheit zur Marke Porsche und für sportliche Erfolge auf dem 924. Das Design der Autos gestaltete der englische Designer Arnold Ostler entsprechend der Landesfarben: kombiniert mit einem umlaufenden Band in den Farben gelb, schwarz und rot – die Farben des Porsche-Wappens – trugen die hinteren Radhäuser die jeweilige Flagge.

Der englische Wagen wurde von Tony Dron und Andy Rouse gefahren, während im deutschen Auto Jürgen Barth und der Lichtensteiner Manfred Schurti saßen. Beim US-Team sprang der Brite Derek Bell für den kurz zuvor verunfallten Peter Gregg ein und ging gemeinsam mit Al Holbert an den Start. Der Text der Pressemitteilung dämpfte sicherheitshalber allzu große Erwartungen: „Spektakulär am diesjährigen Le Mans-Einsatz von Porsche sind nicht etwa die Siegesaussichten, vielmehr ist es der erste Auftritt des 924 im internationalen Rennsport. Le Mans ist eine Etappe im Entwicklungsprogramm für den Porsche der neuen Generation (...) Eine erste praktische Erprobung des neuen Wettbewerbstyps ist auch der Sinn dieses Werkseinsatzes, das sportliche Resultat diesmal von untergeordneter Bedeutung."

Auf dem 4. Platz liegend, kam dem deutschen Team die Natur in die Quere – ein Hase sprang vor das Auto, die Reparatur dauerte lange 22 Minuten.

Das sportliche Tiefstapeln schien verständlich, doch dann spielte das schlechte Wetter den in der Leistung unterlegenen, aber in den Kurven extrem schnellen und hervorragend bremsenden 924-Prototypen in die Karten. Zweieinhalb Stunden regnete es zu Beginn des Rennens, nie trocknete die Strecke für längere Zeit ab.

Nach einem Drittel des Rennens lagen Barth/Schurti auf Platz 10, Holbert/Bell und Dron/Rouse auf den Plätzen 14 und 15. Zeitweilig fuhren die drei Teams sogar auf die Ränge 6, 7 und 8 im Gesamtklassement vor.

Als weitere Vorteile erwiesen sich die gute Aerodynamik mit einem c_W-Wert von 0,35 und der niedrige Verbrauch des nur 930 Kilogramm schweren Wagens. Im Gegensatz zu den 935, die bei gleichem Tankinhalt von 120 Litern alle elf bis 14 Runden Benzin nachfassen mussten, kamen die 924 GTP nur alle 21 Runden in die Box – trotz der mechanischen Benzinpumpe, die im Gegensatz zur noch nicht einsatzbereiten elektronischen Ausführung auch im Schubbetrieb Benzin förderte.

Dann kreuzte das Unglück die Piste. Ein Hase sprang dem auf Platz 4 liegenden deutschen Team vor das Auto, blockierte den Wasserkühler – 22 Minuten dauerte es, die Reste des Hasen aus dem Vorderwagen zu entfernen. Kommentar von Manfred Schurti in Richtung seines Jagd-begeisterten Vorgesetzten Ernst Fuhrmann: „Wenn die Jäger besser schießen würden, bräuchten wir die Hoppel nicht mit dem Auto zu erledigen."

Am Sonntagmorgen um 9.35 Uhr kam der US-Wagen mit unrund laufendem Motor in die Box. Diagnose: Gemisch zu mager, Auslassventil verbrannt, Zylinder 1 ohne Kompression. Mit erst drei, dann nur noch zwei Zylindern und jeweils um eine halbe Minute pro Runde langsamer als zuvor schleppten sich Bell/Holbert durch die letzten Stunden des Rennens. Auch das britische Team ereilte ein Ventilschaden, ebenfalls musste ein Zylinder lahm gelegt werden. Vorsorglich wurde dem störungsfrei laufenden deutschen 924 GTP ein fetteres Gemisch verordnet.

TEAM USA UND UK HUMPELTEN MIT ZWEI UND DREI ZYLINDERN INS ZIEL.

Zwischen Fahrzeugen mit bis zu 800 PS hatten Optimisten allenfalls mit Plätzen zwischen Rang 10 und 15 gerechnet. Dennoch reichte es für die deutsche Equipe für eine Platzierung unter den ersten Zehn; auf Platz 6 kam das deutsche Team mit der Startnummer 4 ins Ziel. Andy Rouse und Tony Dron mit der Nummer 2 wurden 12., Derek Bell und Al Holbert mit der Startnummer 3 belegten Platz 13 – ein unerwarteter Triumph für die Porsche-Equipe.

Breite Schultern, jede Menge Kraft: Der erfolgreiche Auftritt des 924 in Le Mans war ein Achtungserfolg, der in eine Übergangszeit des Motorsports fiel – die Zukunft gehörte den Prototypen der Gruppe C.

Abschied auf hohem Niveau

Mit dem 24-Stunden-Rennen von Le Mans erreichte der werksseitige Rennsport mit Transaxle-Fahrzeugen 1981 seinen Höhepunkt. Der 924 Carrera GTR von Manfred Schurti und Andy Rouse ging in der IMSA-GTO-Kategorie mit einem nahezu unveränderten 320-PS-Zweiliter-Turbomotor ins Rennen, belegte den 11. Platz und gewann seine Klasse.

Der zweite Wagen, gefahren von Walter Röhrl und Jürgen Barth, verfügte über einen neu entwickelten, 410 PS starken 2,5-Liter-Vierzylinder mit Turboaufladung und Vierventiltechnik – und war in Wirklichkeit ein getarnter 944. Der Vierzylinder-Transaxle-Prototyp im Sponsor-Kleid des Mode-Designers Hugo Boss kam als Gesamtsiebter ins Ziel und holte den Preis für die kürzeste Boxenzeit. Gerade einmal 56 Minuten benötigte der Service für Fahrerwechsel, Wartung und Tanken. Nur zwei Fahrzeuge dieses intern als Typ 949 bezeichneten Entwicklungsträgers, zu Tarnzwecken sogar mit einer 924-Fahrgestellnummer ausgerüstet, wurden gebaut.

1982 ging Jürgen Barth sowohl beim 24-Stunden-Rennen von Daytona wie beim 12-Stunden-Rennen in Sebring auf 924 GTR an den Start. Zu den Besonderheiten des vom Reifenhersteller BF Goodrich unterstützten Wagens des Teams Paul Miller/Pat Bedard/Jürgen Barth gehörte die vom Sponsor verordnete Reifenwahl: der 924 GTR ging auf neu entwickelten Straßenreifen ins Rennen. Von Platz 54 aus gestartet, reichte es für einen respektablen Platz 11 im Gesamtklassement und Platz 3 in der IMSA GTO-Klasse. In Sebring stoppte eine gebrochene Kurbelwelle das Team.

Während im In- und Ausland 924 Carrera GTS und dessen für den Motorsport zugespitzte GTR-Version in privater Hand weiter erfolgreich liefen, war die Renn-Karriere mit den vielen Kurven im Hause Porsche vorbei. Den so lange dominanten 935 konnte der Transaxle-Porsche nicht ersetzen, im internationalen Motorsport war die neu formierte Gruppe C das Maß der Dinge – und hier ging in Zukunft der 956 an den Start.

Die letzten großen internationalen Auftritte erlebte der 924 bei Starts in Daytona, Le Mans und Sebring 1982.

Le Mans 1982: Beim 24-Stunden-Rennen ging das internationale Team Miller/Bedard/Barth auf 924 GTR an den Start und belegte den 11. Platz im Gesamtklassement. Sponsor BF Goodrich rüstete den Wagen mit neu entwickelten Straßenreifen aus.

MIT DEM AUFSTIEG DES 956 UND DER GRUPPE C ENDETE DIE RENNKARRIERE DES 924.

Anhang
Fakten, Fakten, Fakten ...

Technischer Stand nach Modelljahren

Modelljahr 1977

Kofferraum-Abdeckung, Zusatzinstrumente (Volt, Öldruck) und Seitenschutzleisten serienmäßig. Abgas-entgiftende Maßnahmen für USA, Katalysator für Kalifornien und Japan. Optionen: 6 x 14-Leichtmetallräder mit Reifen 185/70 HR 14, Stabilisatoren vorne (20 mm) und hinten (18 mm), Dreigang-Automatik, Klimaanlage, Scheinwerferreinigungsanlage, Heckscheibenwischer, herausnehmbares Dach.

Sondermodell „Martini"

Modelljahr 1978

Ledermanschette am Schalthebel, Auspuff-Endrohr nun oval. Zwei Druckspeicher und zusätzliches Magnetventil für verbessertes Warmstartverhalten. Optimierte Hinterachskonstruktion. Innenausstattung und Gepäckraumabdeckung in schwarz, braun oder beige.
Optionen: Auf Wunsch Fünfgang-Getriebe 031 VA (Porsche-Synchronisierung), elektrische Fensterheber, elektrisch verstellbare und beheizbare Außenspiegel.

Sondermodelle „Swiss Special", „Limited Edition" (USA)

Modelljahr 1979

6 x 14-Leichtmetallräder mit Reifen 185/70 HR 14 serienmäßig. Tacho bis 240 km/h.
Debüt 924 Turbo.
Optionen: Koni-Stoßdämpfer, Räder mit schwarz lackiertem Felgenstern, Sperrdifferenzial 40 % für 924 mit Fünfganggetriebe.

Sondermodelle für Frankreich, „Sebring" (USA), „Kork", Sondermodell zur Einführung des 924 Turbo (USA)

Modelljahr 1980

924 Fünfganggetriebe, verbesserte Bremsanlage und Transistorzündung. Verbesserte Innenausstattung mit mechanisch verstellbarem Außenspiegel auf Fahrerseite, verdeckter Tankdeckel, schwarze Seitenfenstereinfassungen und Porsche-Schriftzug über Heckstoßstange.
Optionen: Leichtmetallräder 6 J x 15 mit Reifen 205/60 HR 15, Zweifarben-Lackierungen (bisher nur Turbo) auch für 924, Alarmanlage.
924 Turbo Elektrische Fensterheber, 6-Zoll-Leichtmetallräder (Reifen 205/55 VR 16) und Nebelschlussleuchte.

Sondermodell „Le Mans", Sondermodell für Italien

Modelljahr 1981

924 7-Jahre-Garantie gegen Durchrostung, Seitenblinkleuchten an Vorderkotflügeln, Nebelschlussleuchte und Stabilisator für Vorderachse (21 mm) und stärkere Drehstäbe für Hinterachse. Türverkleidungen mit „Porsche"-Schriftzug, Radio-Überblendregler auf Mittelkonsole.
Optionen: Neues Fünfgang-Getriebe, neue Innenausstattungen und Vier-Loch-Speichenräder aus Leichtmetall im Stil des 924 Turbo.
924 Turbo Leistungsgesteigerter Motor mit 177 PS, vergrößerter Kraftstofftank (84 Liter). Instrumente mit weißen statt grünen Ziffern. Debüt **924 Carrera GT** mit 210 PS-Turbo-Motor sowie **924 Carrera GTS** mit 245 PS.

Sondermodelle „Weissach", „50 Jahre Porsche"

Modelljahr 1982

924 Dreispeichen-Sportlenkrad, verbessertes Automatik-Getriebe (früheres Hochschalten) und verbesserte Synchronisierung der Vorwärtsgänge bei Schaltgetriebe. Gurte auf den Rücksitzen.
Optionen: Sperrdifferenzial 40 % und Turbo-Heckspoiler.
924 / 924 Turbo Erhöhte Dachlast (75 kg), neue Heizung und Klimaanlage, Türtaschen mit Teppich überzogen, geänderte Vorderachs-Nachlaufwerte.

Sondermodell für die Schweiz, Sondermodell für Italien

Modelljahr 1983

924 Turbo-Heckspoiler, synchronisierter Rückwärtsgang, Lautsprecherblenden auf Türverkleidungen serienmäßig. Zweifarben-Lackierung und Automatikgetriebe entfallen.
Optionen: Servolenkung.
924 Turbo Nur noch auf italienischem Markt erhältlich.

Modelljahr 1984

924 Elektrische Heckdeckel-Entriegelung, elektrische Fensterheber und geänderte Rücksitzlehnen-Entriegelung.
Optionen: Elektrisches Hubdach und Tempostat.

Sondermodell 924 Turbo für Italien

Modelljahr 1985

924 Heizbare Waschdüsen, grün getönte Scheiben und Seitenaufprallschutz in den Türen. Letztes Baujahr des 924 (ab MJ 1986: **924 S** mit auf 150 PS reduziertem Motor aus 944).

Modelljahr 1986

924 S Motor mit 150 PS wie USA-Version des 944. Bremsanlage vom 944, 6 x 15-Zoll-Leichtmetallräder im „Telefon"-Design mit Reifen 195/65 VR 15 serienmäßig.
Optionen: Dreigang-Automatik, 6 x 16-Zoll-Schmiederäder mit Reifen 205/55 VR 16, Klimaanlage, Sportsitze, Tempostat, Servolenkung, elektrische Fensterheber, herausnehmbares Targadach mit elektrischer Hubverstellung.

Modelljahr 1987

924 S Änderungen am Antriebsriemen für die Ausgleichswellen. Gleiche Motorleistung auch bei Katalysator-Fahrzeugen, Super-Benzin (mind. 95 ROZ) erforderlich. Ölstandgeber und Heckscheibenwischer serienmäßig. Geteilte Fondsitzlehnen.

Modelljahr 1988

924 S Stabilisator hinten, Motor mit 160 PS, elektrisch verstellbare, beheizbare Außenspiegel, Heckscheibenwischer, Antenne, vier Lautsprecher, Kassetten- und Münzbehälter, Dreispeichen-Lederlenkrad und Lederschalthebel.

Sondermodelle „Exklusiv", „Special Edition" (USA), Sonderserie 924 S, letzte Einheiten

Technischer Stand nach Modelljahren (es werden nur Änderungen erfasst)

Modelljahr 1976

Motor XK, XH + XF
Verwendet wird ein Zweiliter-Vierzylinderblock, Werkstoff Grauguss, der auch im Audi 100 und im VW LT Verwendung findet. Speziell für den Porsche 924 wird ein Zylinderkopf eingesetzt, der mit der damals modernen K-Jetronic von Bosch ausgestattet ist. Nockenwelle, Kolben, Pleuel und Kurbelwelle sind Sonderanfertigungen. Einlass- (40 mm) und Auslassventile (33 mm) werden erstmals bei Porsche von einer Zahnriemen-getriebenen Nockenwelle betätigt. Für Europa leistet der Motor 92 kW (125 PS), für USA, Kanada und Japan werden abgasentgiftete, leistungsreduzierte Motoren mit einer geringeren Verdichtung von 8,0 : 1 verbaut.

Kraftstoffanlage, Zündsystem
Als Einspritzsystem wird die Bosch K-Jetronic eingesetzt. Während die Europa-Fahrzeuge mit Spulenzündung und Vorfunkenstrecke am Kerzenstecker arbeiten, haben die abgasentgifteten Motoren schon eine kontaktlose Transistorzündung ohne Vorfunkenstrecke.

Kraftübertragung
Als Schaltgetriebe wird zunächst ein Vierganggetriebe aus der Fertigung VW Kassel verwendet, das in ähnlicher Bauweise im Audi 100 eingebaut wird. Zunächst ist für dieses Getriebe die Porsche-Sperrsynchronisierung vorgesehen, doch gibt es bei VW Kassel genügend freie Fertigungskapazität für das von VW verwendete Vollkonussystem. Um den Porsche-Synchronring in Kassel herstellen zu können, wären teure Investitionen notwendig gewesen.

Fahrwerk
Für die Vorderachse wird das McPherson-Feder/Dämpferbein-System gewählt. Porsche hat erstmals für die Serie das Drehstabprinzip als Feder verlassen. Die Vorderräder haben negativen Lenkrollradius (13 mm). ZF-Zahnstangenlenkung, ähnlich der des 911. Die Hinterräder sind einzeln an Schräglenkern aufgehängt, Federung durch Drehstäbe im Hinterachs-Querrohr. Doppelt wirkende hydraulische Fichtel & Sachs-Stoßdämpfer hinten.
Diagonal aufgeteilte Zweikreisbremsanlage mit Bremskraftverstärker, Scheibenbremsen vorn mit Schwimmrahmensätteln und Trommelbremsen hinten. Serienmäßig sind 5,5-Zoll-Stahlräder mit Bereifung 165 HR 14 montiert.

Karosserie
Die Bodengruppe ist aus feuerverzinktem Stahlblech hergestellt. Schon beim Serienanlauf sechs Jahre Garantie gegen Durchrostung der Bodengruppe. Die vorderen Kotflügel sind geschraubt und lassen sich leicht auswechseln.

Ausstattung
Lehnen hinten umklappbar, daher großer Gepäckraum in Verbindung mit der gläsernen Heckklappe möglich. Die Außenspiegel (Beifahrerseite Mehrausstattung) sind kleiner als beim 911.

Verkleidung, Sitze
Im Innenraum geschäumte Kunststoffteile. Sitze vom 911 mit integrierten Kopfstützen. Notsitze hinten.

Heizung, Klimaanlage
Neuartige Entlüftung des Innenraums. Die vor der Frontscheibe eintretende Frischluft tritt aus Mittel- und Seitendüsen sowie in den Fußraum aus. Seitlich unter der Heckklappe wird die Luft weitergeleitet, durch die Türen nach vorn geführt und tritt am Spalt zwischen den vorderen Kotflügeln und Türen ins Freie. Zur Heizung wird ein Wasser-Wärmetauscher verwendet. Ein starkes Axialgebläse unterstützt die Luftzirkulation. Eine Klimaanlage ist im ersten Modelljahr noch nicht im Angebot.

Elektrik
Das Fahrzeug ist mit 12 Volt Bordspannung ausgelegt. Die gläserne Heckklappe ist elektrisch beheizbar.

Modelljahr 1977

Motor
Verstärkung der Hauptlagerzapfen an der Kurbelwelle von 60 auf 64 mm. Die Pleuelstangen sind mit Spritzbohrungen zur Kolbenkühlung versehen.

Kraftstoffanlage, Zündsystem
Kraftstoffpumpe wird an die rechte Radlaufwand verlegt (bessere Kühlung). Einbau eines zweiten Druckspeichers zum besseren Warmstartverhalten.
USA-Fahrzeuge erhalten Abgasrückführung und Zusatzlufteinblasung, aber keinen Katalysator. Japan-Fahrzeuge sind mit Kat und Abgasrückführung ausgestattet.

Kraftübertragung
Neben dem Schaltgetriebe wird ein Dreigang-Automatikgetriebe mit Drehmomentwandler angeboten. Auch dieses Getriebe wird bei VW in Kassel gefertigt.

Karosserie
Mehr feuerverzinkte Blechteile.

Heizung, Klimaanlage
Als Mehrausstattung ist eine Klimaanlage lieferbar.

Modelljahr 1978

Motor
Der Endschalldämpfer und das Abgas-Endrohr sind oval ausgeführt.

Kraftstoffanlage, Zündsystem
Zur Geräuschreduzierung ist die Kraftstoffpumpe in Gummielementen gelagert.

Kraftübertragung
Im Zentralrohr wird ein Schwingungstilger eingebaut. Als Mehrausstattung ist ein von Porsche entwickeltes Fünfgang-Schaltgetriebe mit Porsche-Synchronisierung und hinten liegendem Differenzial lieferbar, das verschiedene Gleichteile mit dem Getriebe des 911 besitzt.

Fahrwerk
Verbesserte Hinterachskonstruktion mit vielen vom VW-Programm abweichenden Teilen. Neue Stabilisatoren vorn und hinten. Koni-Stoßdämpfer sind lieferbar.

Ausstattung
Ledermanschette am Schalthebel. Elektrisch verstellbare und heizbare Spiegel, identisch mit 911, als Sonderwunsch.

Verkleidung, Sitze
Drei Innenausstattungen sind lieferbar: schwarz, braun und beige.

Elektrik
Elektrische Fensterheber sowie elektrisch verstellbare und beheizbare Außenspiegel sind als Mehrausstattung lieferbar. Eine elektrisch versenkbare Antenne und ein Porsche Radio CR Stereo DE mit vier Lautsprechern gehören zu einem Klangpaket (Mehrausstattung).

Modelljahr 1979

Motor
924 Turbo: Der Motorblock und der Kurbeltrieb sind identisch mit denen des Saugmotors. Lediglich die Kolben sind zur Verringerung der geometrischen Verdichtung (7,5:1) mit Brennraummulden ausgeführt. Der Zylinderkopf ist völlig anders aufgebaut: Zündkerzen auf der Einlassseite, Brennraummulden um beide Ventile. Gegenüber dem Saugmotor vergrößerter Ventildurchmesser. Einlass 40 mm, Auslass 36 mm. Ölkühler im Fahrzeugbug.

Kraftstoffanlage, Zündsystem
924: Zwei Druckspeicher und ein zusätzliches Magnetventil verbessern das Warmstartverhalten. Weiterhin Batterie-Zündanlage für RdW (Rest der Welt), für USA wird eine Transistorzündanlage verwendet.
924 Turbo: Zwei Kraftstoffpumpen: Vorpumpe im Kraftstofftank, Hauptpumpe im rechten hinteren Radlauf. K-Jetronic-Einspritzsystem mit Druckspeicher, Warmlaufregler, Zusatzluftschieber. Einspritzventile geschraubt. Kontaktlose Transistor-Zündanlage mit Unterdruck- und Fliehkraft-Zündverstellung. Turboaufladung durch Abgasstrom. Ladedruck-Regelventil regelt bei 0,75 bar Überdruck ab. Sicherheitsschaltung: ab 1,1 bar Überdruck werden die Kraftstoffpumpen elektrisch abgestellt. Abgasanlage mit Vor- und Nachschalldämpfer. Die Bypassleitung mündet vor dem Vorschalldämpfer in das Abgasrohr.

Kraftübertragung
924: Das Viergang-Schaltgetriebe ist neben dem Fünfgang-Getriebe im Angebot.
924 Turbo: Gezogene Einscheiben-Trockenkupplung MFZ 225, Anpresskraft 7200-7900 N. Betätigung hydraulisch mit fußkraftunterstützender Hilfsfeder im Betätigungsmechanismus. Zentralwellendurchmesser gegenüber dem Saugmotor von 20 auf 25 mm vergrößert. Elastisch gelagerter Schwingungstilger im Zentralrohr. Verstärktes Fünfgang-Schaltgetriebe mit Porsche-Synchronisierung, Gleichteile mit dem Getriebe für den Porsche 911. Sperrdifferenzial mit Sperrwert 40 % ist Mehrausstattung.

Fahrwerk
924 Turbo: Die Vorderradaufhängung ist ähnlich der im Auto mit Saugmotor, die Hinterachslenker sind verstärkt. Hydraulische Zweikreis-Bremsanlage mit Diagonalaufteilung, Bremskraftverstärker und innenbelüftete Scheibenbremsen mit Schwimmrahmensätteln an Vorder- und Hinterachse. Verwendet werden Bremsscheiben vom 911 vorn und vom 928 hinten. Die Bremssättel stammen vom 928.
Vorn sind serienmäßig Leichtmetallräder 6 J x 15 mit Bereifung 185/70 VR 15 montiert, als Mehrausstattung sind auch Räder 6 J x 16 mit Bereifung 205/55 VR 16 erhältlich. Die Räder sind mit 5 Radschrauben (924 nur mit 4) befestigt.

Karosserie
924 Turbo: Vier Lufteintrittsöffnungen im Fahrzeugbug sowie Schlitze in der Bugschürze und Lufteinlassöffnung in der Motorhaube. Zusätzliches Turbo-Merkmal: der Polyurethan-Heckspoiler, angebracht am Heckscheibenrahmen. Der Radausschnitt hinten ist vergrößert. So wird bei vielen Fahrzeugen ein besserer Freigang bei montierten Schneeketten erreicht.

Ausstattung
Die Ausstattung unterscheidet sich nur unwesentlich von der des 924, etwa durch Tacho-Anzeige bis 260 km/h.

Heizung, Klimaanlage
924 und 924 Turbo: Neue, wirksamere Klimaanlage mit eigenem Frischluftgebläse.

Modelljahr 1980

Änderungen
Alle Vierzylinder-Fahrzeuge erhalten eine verbesserte Innenausstattung, von innen verstellbare Außenspiegel und eine Abdeckklappe über dem Tankeinfüllstutzen. Fahrzeuge für die USA sind mit G-Kat und Lambda-Regelung ausgerüstet. Der 924 ist 1980 weltweit mit Transistorzündanlage, einem neuen Fünfgangschaltgetriebe und einer verbesserten Bremsanlage ausgestattet. Neu beim 924 Turbo sind die serienmäßigen elektrischen

Fensterheber und die Nebelschlussleuchten.

Motor

924: Geänderte Zylinderkopfschrauben und neue Anziehvorschriften für den Zylinderkopf.

Kraftstoffanlage, Zündsystem

924: Serienmäßige Ausrüstung mit TSZ-i-Zündanlage mit kontaktlosem Zündverteiler und Zündkerzensteckern ohne Vorfunkenstrecke. Auch der 924 erhält eine zusätzliche Kraftstoffpumpe im Heck.

Kraftübertragung

924: Außer dem Dreigang-Automatikgetriebe RK wird ein neues, von VW in Kassel gebautes Fünfganggetriebe serienmäßig eingebaut. Es ist eine Weiterentwicklung des Vierganggetriebes und auf die Fahrleistungen des 924 mit Saugmotor abgestimmt. Das Synchronsystem ist von VW übernommen. Ein Sperrdifferenzial ist noch nicht lieferbar. Der 924 Turbo wird weiterhin mit dem bei Getrag gebauten Fünfganggetriebe mit Gleichteilen zum 911 ausgestattet.

Fahrwerk

924: Vergrößerter 9-Zoll-Bremskraftverstärker (vorher 7 Zoll) und Hauptbremszylinder mit 23,81 mm Durchmesser (vorher 20,64 mm). 924 und 924 Turbo: Als Mehrausstattung sind folgende Rad/Reifenkombinationen zusätzlich verfügbar: Leichtmetallräder 6 J x 15 mit Bereifung 205/60 HR 15 (924), Leichtmetallräder 6 J x 16 mit Bereifung 205/55 VR 16 (924 Turbo).

Karosserie

Das Tanksystem und dessen Entlüftung sind überarbeitet. Über dem Schraubverschluss des Tankstutzens befindet sich jetzt eine Tankklappe.

Ausstattung

Alle Fahrzeuge erhalten auf der Fahrerseite einen von innen von Hand verstellbaren Außenspiegel (elektrisch verstellbare Spiegel sind Mehrausstattung). Türschlösser und Schließkeile sind jetzt identisch mit den Bauteilen des 928. Auf Wunsch ist eine Alarmanlage lieferbar. Gleiches Gurtsystem bei allen Porsche Fahrzeugen.

Elektrik

Geänderte Innen- und Kofferraumbeleuchtung

Modelljahr 1981

Änderungen

Die Langzeitgarantie gegen Durchrostung der gesamten Karosserie wird auf sieben Jahre angehoben. Alle Porsche-Fahrzeuge werden mit Seitenblinkleuchten an den Vorderkotflügeln ausgerüstet.

924: serienmäßig Nebelschlussleuchte, neuer Lenkstockschalter und Stabilisator vorne. Für USA Zündanlage mit Hallgeber und elektronischer Leerlaufstabilisierung.

924 Turbo: Motorleistungs-Steigerung um 5 kW (7 PS), digitale Zündwinkelverstellung, Änderungen im Bereich des Turboladers, auf 84 Liter vergrößerter Kraftstofftank.

Motor

924 Turbo: Neuer Zweiliter-Motor M 31.03 mit 130 kW (177 PS) bei 5500 U/min, maximales Drehmoment 250 Nm bei 3500 U/min. Neue Kolben zur Erhöhung des geometrischen Verdichtungsverhältnisses auf 8,5:1. Schwungrad mit Zahnkranz für digitale Zündwinkelverstellung. Geänderte Kurbelgehäuse-Entlüftung. Weiter entwickelter Turbolader mit Änderungen an der Beschaufelung ergibt höheren Wirkungsgrad. Mengenteiler und Luftmengenmesser sind dem neuen Motor angepasst.

Kraftstoffanlage, Zündsystem

Alle Vierzylinder-Fahrzeuge: neue EKP-IV-Kraftstoffpumpe (Kurzhals-Pumpe) mit auswechselbarem Druckhalteventil. Diese Pumpe wird auch bei allen anderen Porsche-Fahrzeugen verwendet.

924: Einspritzleitungen aus Stahl mit geradem Anschluss an den Einspritzdüsen. Verbessertes Startverhalten durch geändertes Kaltstartventil und Steuerdruckabsenkung. Für USA-Fahrzeuge elektronische Leerlaufstabilisierung und Lambda-Regelung, geänderter Gemisch- und Warmlaufregler. Transistorzündung mit Hallgeber, Tankentlüftung mit Aktivkohlebehälter.

924 Turbo: Digitale Zündwinkel-Verstellung (DZV), feinfühligere Anpassung des Zündzeitpunkts durch zusätzliche Messgrößen Ladelufttemperatur, Drosselklappenstellung und Saugrohrdruck. Der Kraftstoffbehälter hat ein Fassungsvermögen von 84 Litern. Geänderter Tankgeber.

924 Carrera GT: Auch dieser Motor hat den Zweiliter-Motorblock, Werkstoff Grauguss, aus der Fertigung VW Salzgitter. Der Kurbeltrieb ist identisch mit dem des 924 Turbo. Eingebaut sind geschmiedete Mahle-Kolben. Die Nockenwelle ist im Hartschalengussverfahren hergestellt und damit verschleißfester, auch die Tassenstößel sind aus höherwertigen Werkstoffen hergestellt. Der Ölkühler ist vor dem Wasserkühler angeordnet. Die Mehrleistung gegenüber dem 924 Turbo wird erreicht durch den Ladeluftkühler, der die Temperatur der verdichteten Luft um bis zu 45 °C absenkt, das Ladedruckregelventil mit höherer Ladedruckeinstellung und einen Turbolader mit größerem Turbinengehäuse.

Kraftübertragung

924 Turbo: Für den 924 Turbo USA wird ein vom 924 abgeleitetes und verstärktes Fünfganggetriebe (016.G) verwendet. Verstärkt sind die Antriebswelle und das Getriebegehäuse. Die Gangübersetzungen sind den Fahrleistungen angepasst.

924 Carrera GT: Beim 924 Carrera GT ist die Kupplung mit der des 911 identisch. Anpresskraft der Tellerfeder 7800-8500 N. Das Schaltgetriebe G31.03 ist aus dem Getriebe für den 924 Turbo weiterentwickelt und unterscheidet sich durch verbesserte Synchronisierung am 1. Gang und Drahtkorn-gestrahlte, oberflächenverdichtete Zahnflanken an den Gangrädern für 3., 4. und 5. Gang.

Fahrwerk

924: Fahrzeuge erhalten serienmäßig Stabilisatoren mit 21 mm Durchmesser vorn und 23,5 mm hinten.

924 Turbo: Einengung des Lagerspiels an der Hinterachse.

924 Carrera GT: Umfangreiche und aufwändige Änderungen an Fahrwerk und Bremsanlage gegenüber dem 924 Turbo: verstärkte Spurstangengelenke, Vorderachse mit härteren und verkürzten Federn, positiver Lenkrollradius von ca. 30 mm, Hinterachse mit geänderter Höheneinstellung, stärkere Stabilisatoren vorn und hinten, Distanzscheiben mit 21 mm Dicke an der Hinterachse, verstärkte Antriebswellen, verstärkte Hinterachslenker. Bremskraftaufteilung schwarz/weiß (ein Kreis Vorderräder, ein Kreis Hinterräder), Bremskraftverstärker 9 Zoll, gestufter Tandem-Hauptbremszylinder mit 19,05/23,81 mm Durchmesser, Schwimmrahmenbremssättel vorn mit Kolbendurchmesser 54 mm, hinten mit 36 mm, Belüftungskanäle vom Fahrzeugbug zur vorderen Bremsanlage, geschmiedete Leichtmetallräder 7 J 15 (Fuchsräder) mit Bereifung 215/60 VR 15, auf Sonderwunsch 16 Zoll-Schmiederäder, 7 Zoll vorn, 8 Zoll hinten, Bereifung 205/55 VR 16 vorn, 225/50 VR 16 hinten.

Ausstattung

924 Turbo: Instrumente sind mit weißen Ziffern versehen (vorher grün).

Verkleidung/Sitze

Die Türverkleidungen aller Fahrzeuge tragen den Schriftzug „Porsche".

924 Carrera GT: Sportsitze in Ganzstoff-Ausführung „Nadelstreifen", Türtafeln in Nadelstreifen schwarz/rot.

Elektrik

924: Zwei Fanfaren serienmäßig (wie 924 Turbo). Radio-Überblendregler auf der Mittelkonsole.

Sonstiges

Für den Rennsport, aber auch für Straßenzulassung, wird eine leistungsgesteigerte Variante des 924 Carrera GT, der 924 Carrera GTS, in kleinen Stückzahlen gebaut.

Modelljahr 1982

Änderungen an den 924-Modellen

924 und 924 Turbo: Dachlastverstärkung auf 75 kg, mit Teppich überzogene Türtaschen, geänderte Tankentlüftung, geringere Vorderachs-Nachlaufwerte, neue Heizung mit verbessertem Luftdurchsatz. Neu abgestimmte Klimaanlage.

924: Turbo-Heckspoiler als Sonderwunsch, Dreispeichen-Sportlenkrad, Verbesserungen am Automatikgetriebe.

Motor

924 Turbo: Das Steuergerät zur digitalen Zündwinkelverstellung muss den verfügbaren Kraftstoffen in verschiedenen Ländern angepasst werden.

Kraftübertragung

924: Verbesserungen an der Getriebeentlüftung und an der Synchronisierung der Vorwärtsgänge. Sperrdifferenzial mit Sperrwert 40 % ist jetzt verfügbar. Verbesserungen auch beim Automatikgetriebe: Lippendichtring verhindert Leerlaufen des Drehmomentwandlers. Die Schaltpunkte im Teillastbereich sind auf früheres Hochschalten ausgelegt. Vorteil: geringere Geräuschbelästigung, niedrigerer Kraftstoffverbrauch, weicheres und komfortableres Fahren.

Fahrwerk

924 und 924 Turbo: die Nachlauf-Einstellwerte sind auf 2° 30´ neu festgelegt. Durch den jetzt kleineren Nachlaufwert wird die Laufruhe der Vorderräder besser.

Heizung, Klimaanlage

924 und 924 Turbo: neues Heizgerät mit Radialgebläse garantiert höheren Luftdurchsatz. Neue Bedienschalter. Die Klimaanlage ist der neuen Heiz- und Lüftungsanlage angepasst und ebenfalls wirkungsvoller.

Modelljahr 1983

Typenbezeichnung: Porsche 924

Änderungen

Der Porsche 924 wird nicht mehr in den Ländern USA, Kanada, Japan und Puerto Rico angeboten. Im Modelljahr 1983 entfällt auch der Typ 924 Turbo, er bleibt nur noch auf dem italienischen Markt im Angebot.

924: „Synchronisierter" Rückwärtsgang, Heckspoiler vom 924 Turbo, zwei Gasdruckfedern für die Motorhaube, Lautsprecherblenden auf den Türtafeln.

Kraftstoffanlage, Zündsystem

Änderung am Zusatzluftschieber, um Kaltstarts zu verbessern (größere Luftmenge bei Tieftemperaturen). Änderungen am DME-Steuergerät wegen geänderter Grenzwerte für Abgasemission in verschiedenen Ländern.

Kraftübertragung

924: Das Rückwärtsgang-Schieberad erhält einen Bremskonus, der bei Schaltungen in den Rückwärtsgang das lästige Rätschen der auslaufenden Zahnräder verhindert. Die mechanischen Bauteile der Automatikgetriebe für 924 und 944 werden vereinheitlicht.

Fahrwerk

Als Sonderwunsch ist beim 924 eine ZF-Servolenkung lieferbar.

Verkleidung, Sitze

Bei allen 924 werden auf die Türtafeln Lautsprecherblenden aufgesetzt.

Elektrik

Neue Radio-Generation, Inland Blaupunkt Köln SQR 22, für USA Monterey SQR 22.

Modelljahr 1984

Änderungen

Elektrisch betätigtes Hubdach, elektrische Heckdeckel-Entriegelung, elektrische Fensterheber und geänderte Rücksitzlehnen-Entriegelung.

Karosserie

Als Mehrausstattung ist bei allen Vierzylinder-Fahrzeugen ein elektrisch zu betätigendes Hubdach lieferbar. Die Hubfunktion sowie das Ent- und Verriegeln des Daches erledigt ein Elektromotor. Das Abnehmen des Daches ist nur bei „liegender" Position möglich. Der Kippschalter zur Betätigung ist auf der Mittelkonsole angebracht.

Ausstattung

Elektrische Heckdeckel-Entriegelung bei allen Fahrzeugen.

Verkleidung, Sitze

Rücksitzlehnen-Entriegelung durch Druckknöpfe, die sowohl vom Fahrgastraum als auch vom Kofferraum aus betätigt werden können.

Elektrik

Elektrische Fensterbetätigung jetzt auch bei abgezogenem Zündschlüssel und geöffneter Tür möglich.

Modelljahr 1985

Änderungen

924: wird ohne große Änderungen als Modell 1985 weiter angeboten. Er erhält serienmäßig heizbare Scheibenwaschdüsen, getönte Scheiben und neue Außenfarben.

Verkleidung, Sitze

Neue Türverkleidungen. Neue Porsche Sitzgenerationen: Basissitz, Komfortsitz, Sportsitz.

Elektrik

Alle Vierzylinder-Fahrzeuge: Heizbare Scheibenwaschdüsen.

Modelljahr 1986

Änderungen

Das Modell 924 S ist mit den USA-Motoren des letztjährigen Porsche 944, M44.07 (Schaltgetriebe) oder M44.08 (Automatik) ausgerüstet. Diese Motoren können mit unverbleitem oder verbleitem Normalbenzin mit ROZ 91 betrieben werden. Die Fahrzeuge besitzen serienmäßig ein geschlossenes Tanksystem zur schadstofffreien Tankentlüftung. Das Fahrwerk ist vom 924, Modell 1985, übernommen, die Bremsanlage vom 944. Die Räder, Leichtmetall-Druckguss im Telefon-Design 6 J x 15 H2, die Bereifung 195/65 VR 15.

Kraftstoffanlage, Zündsystem

Motoren mit Digitaler Motor Elektronik (DME) und Einspritzung Bosch L-Jetronic ausgestattet. Sowohl der Porsche 924 S als auch der 944 können mit G-Kat bestellt werden. Aktivkohlebehälter zur schadstofffreien Tankentlüftung beim 924 S serienmäßig.

Karosserie

Alle Porsche-Fahrzeuge: Verlängerung der Langzeitgarantie gegen Durchrostung von Bodengruppe und Karosserie von 7 auf 10 Jahre.

Modelljahr 1987

Motor

924 S: Änderungen am Antriebsriemensystem für die Ausgleichswellen. Verbessertes Ölüberdruckventil, einheitlicher Ölmessstab für alle Vierzylinder-Motoren.

Kraftübertragung

Alle Vierzylinder-Fahrzeuge: Werkstoffumstellung beim Gehäuse für Sperrdifferenzial. Verstärkter und verbesserter Hinterachsantrieb Oerlikon Spirac.

Verkleidung, Sitze

Geteilte Fondsitzlehnen

Modelljahr 1988

Änderungen

Alle Vierzylinder-Fahrzeuge sind wahlweise mit und ohne Katalysator-Technik bei gleicher Motorleistung erhältlich. Bei Fahrzeugen ohne Katalysator entfällt der bisher nachgerüstete Aktivkohlebehälter im Tankentlüftungssystem. Eine Kat-Nachrüstung ist wie bisher möglich, jedoch ohne die zusätzliche Nachrüstung des Aktivkohlebehälters.

Motor

924 S und 944: Gleiche Kolben bei beiden Motoren. Bedingt durch die Verdichtung von 10,2:1 ist auch beim 924 S jetzt Kraftstoff mit mindestens ROZ 95 erforderlich. Einheitspleuel für alle Vierzylindermotoren. Ölstandgeber in der Ölwanne warnt vor zu niedrigem Ölpegel. Auch bei Geberdefekt oder Kabelunterbrechung erfolgt Ölstandswarnung.

Kraftstoffanlage, Zündsystem

Gleiche Abgasanlagen bei allen Vierzylinder-Fahrzeugen.

924 S und 944: Einheits-Steuergerät.

Karosserie

Stahlblech der Karosserie jetzt elektrolytisch verzinkt. Wischarm mit Spoiler zur besseren Wischqualität bei höheren Geschwindigkeiten.

Verkleidung, Sitze

Alle Vierzylinder-Fahrzeuge: Teilbare Rückenlehnen an der Rücksitzanlage.

Elektrik

Leuchtweitenregulierung elektrisch durch Stellmotor, Betätigung auf der Mittelkonsole. Neue Radiogeneration Blaupunkt Ludwigsburg SQM 26 mit ARI. Vorbereitung einer Telefonanlage für das C-Netz ist möglich.

Quelle: Jörg Austen / Porsche

Preise Porsche 924 (bis 1988)

		924	924 Turbo	924 S	924 Carrera GT	924 Carrera GTS
1976	Januar	DM 23.240				
1977	Februar Juli	DM 24.300 DM 24.980				
1978	Januar Juli	DM 25.960 DM 26.850				
1979	Januar August	DM 27.100 DM 27.980	DM 39.480 DM 39.980			
1980	April	DM 28.980	DM 41.480		DM 60.000	DM 110.000
1981	Februar August	DM 29.530 DM 29.980	DM 42.780 DM 42.780			
1982	Januar August	DM 30.980 DM 31.480	DM 44.200			
1983	März August	DM 32.350 DM 32.950				
1984	Februar September	DM 32.250 DM 33.950				
1985	Januar August	DM 34.650		DM 41.950		
1986	Februar August			DM 43.250 DM 41.950		
1987	April August			DM 45.955 DM 49.265		
1988	April			DM 50.165		

Lacke und Polster

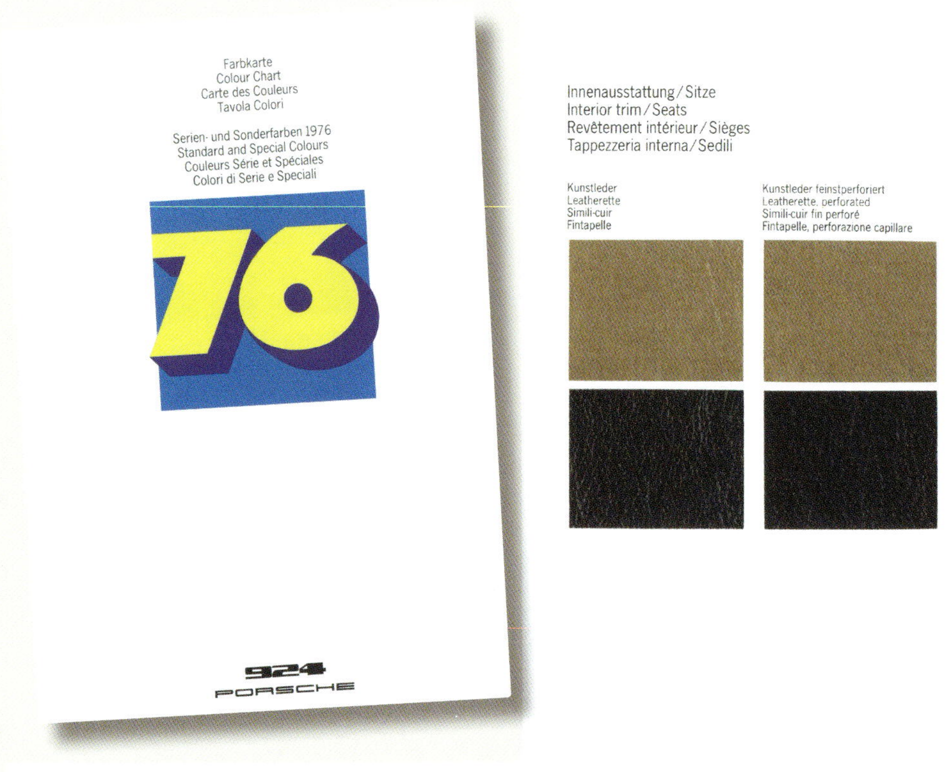

Innenausstattung / Sitze
Interior trim / Seats
Revêtement intérieur / Sièges
Tappezzeria interna / Sedili

Kunstleder
Leatherette
Simili-cuir
Fintapelle

Kunstleder feinstperforiert
Leatherette, perforated
Simili-cuir fin perforé
Fintapelle, perforazione capillare

Stoff
Cloth
Tissu
Stoffa

Teppich
Carpet
Tapis
Tappeto

Schlingenvelours
Pile type carpet
Velours bouclé
Velluto brocco

Die hier gezeigten Farbmuster können aus drucktechnischen Gründen vom Original abweichen.

Due to printing reasons the colour samples shown here can differ slightly from the original.

Pour des raisons de technique d'impression, les couleurs montrées ici peuvent s'écarter quelque peu de l'original.

Per ragioni tecniche dell'impressione, i colori possono essere diversi dall'originale.

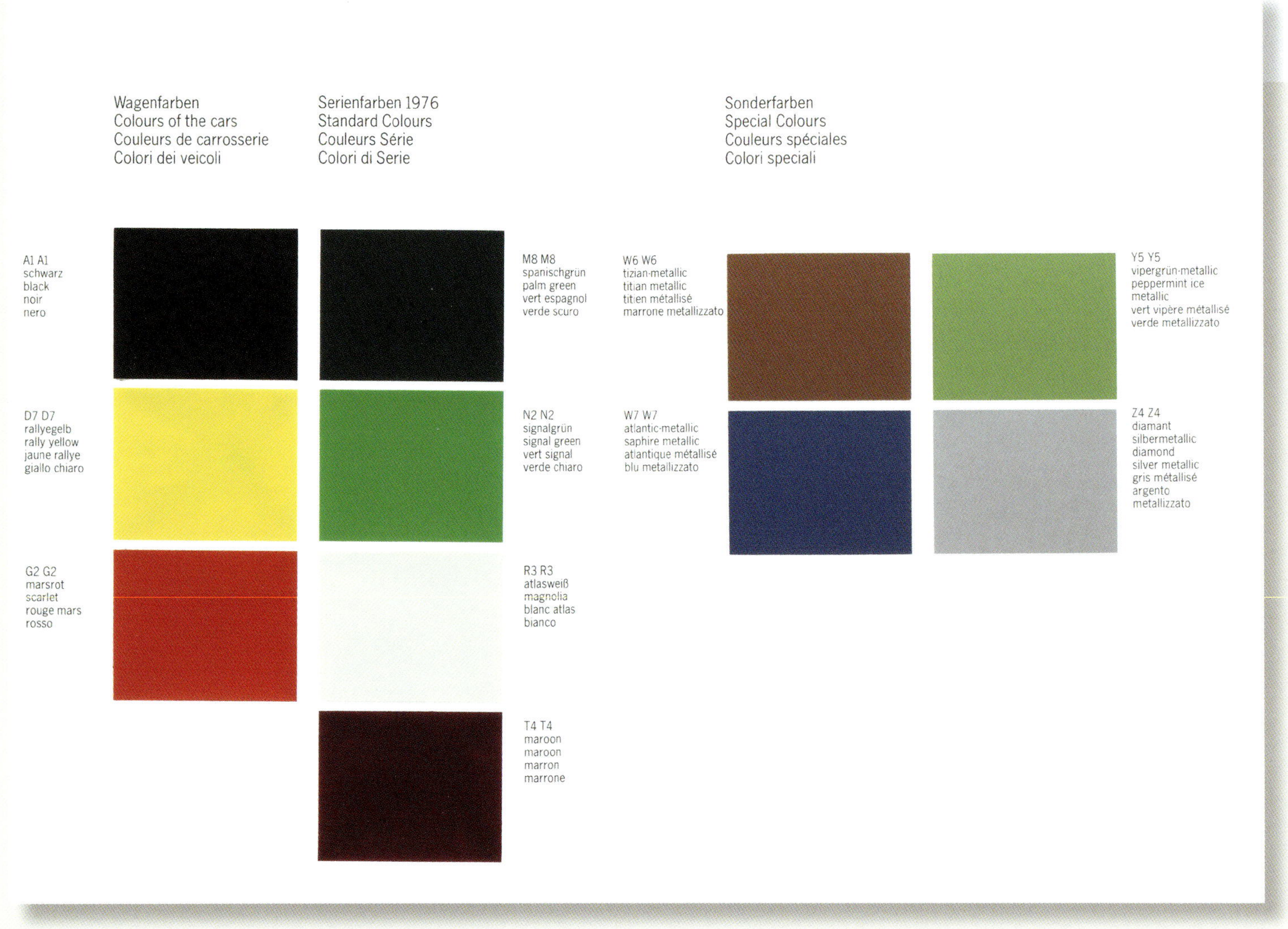

Wagenfarben
Colours of the cars
Couleurs de carrosserie
Colori dei veicoli

Serienfarben 1976
Standard Colours
Couleurs Série
Colori di Serie

A1 A1
schwarz
black
noir
nero

D7 D7
rallyegelb
rally yellow
jaune rallye
giallo chiaro

G2 G2
marsrot
scarlet
rouge mars
rosso

M8 M8
spanischgrün
palm green
vert espagnol
verde scuro

N2 N2
signalgrün
signal green
vert signal
verde chiaro

R3 R3
atlasweiß
magnolia
blanc atlas
bianco

T4 T4
maroon
maroon
marron
marrone

Sonderfarben
Special Colours
Couleurs spéciales
Colori speciali

W6 W6
tizian-metallic
titian metallic
titien métallisé
marrone metallizzato

W7 W7
atlantic-metallic
saphire metallic
atlantique métallisé
blu metallizzato

Y5 Y5
vipergrün-metallic
peppermint ice metallic
vert vipère métallisé
verde metallizzato

Z4 Z4
diamant silbermetallic
diamond silver metallic
gris métallisé
argento metallizzato

Farbkarte
Colour chart
Carte des couleurs
Tavola colori
Serien- und Sonderfarben 1977
Standard and special colours
Couleurs de série et spéciales
Colori di serie e speciali
924
PORSCHE

Innenausstattung / Sitze
Interior trim / seats
Revêtement intérieur / sièges
Tappezzeria interna / sedili
Teppich
Carpet
Tapis
Tappeto
Kunstleder
Leatherette
Simili-cuir
Fintapelle
Kunstleder feinstperforiert
Leatherette, perforated
Simili-cuir perforé très fin
Fintapelle, perforazione capillare
Stoff
Cloth
Tissu
Stoffa
Schlingenvelours
Pile type carpet
Velours bouclé
Velluto brocco
Die hier gezeigten Farbmuster können aus drucktechnischen Gründen vom Original abweichen.
Due to printing reasons the colour samples shown here can differ slightly from the original.
Pour des raisons de technique d'impression, les couleurs montrées peuvent s'écarter quelque peu de l'original.
Per ragioni tecniche dell'impressione, i colori possono essere diversi dall'originale.

Wagenfarben
Colours of the cars
Couleurs de carrosserie
Colori carrozzeria
Serienfarben 1977
Standard colours
Couleurs de série
Colori di serie
Sonderfarben
Special colours
Couleurs spéciales
Colori speciali
A1 A1 schwarz black noir nero
D7 D7 rallyegelb rallye yellow jaune rallye giallo
G2 G2 marsrot scarlet rouge mars rosso chiaro
H7 H7 brokatrot brocade red rouge brocart rosso scuro
N2 N2 signalgrün signal green vert signal verde
R5 R5 polarweiß polar white blanc polaire bianco
W2 W2 kupfermetallic copper metallic cuivre métallisé rame metallizzato
W3 W3 malachitmetallic malachite metallic turquoise métallisé turchese metallizzato
Y3 Y3 bahamablau-metallic bahama blue metallic bleu bahama métallisé blu metallizzato
X3 X3 resedagrün-metallic reseda green metallic vert reseda métallisé verde metallizzato
Z4 Z4 diamant-silbermetallic diamond silver metallic gris diamant métallisé argento metallizzato

Wagenfarben		Innenausstattung			Sitze			Teppich
Serienfarben 924	Sonderfarben	Best./ Nr.	Material	Farbe	Boden/ Rückwand	Mittelstreifen	Seiten-wangen	Velours Farbe
A1 A1 schwarz	W2 W2 kupfermetallic	73	Kunstleder	beige	Kunstleder	KL-feinstperforiert	Kunstleder	beige
D7 D7 rallyegelb	X3 X3 resedagrünmetallic	43	Kunstleder	beige	Kunstleder	Fischgrät braun/beige	Kunstleder	beige
G2 G2 marsrot	Y3 Y3 bahamablaumetallic	72	Kunstleder	braun	Kunstleder	KL-feinstperforiert	Kunstleder	braun
H5 H5 malagarot	Z4 Z4 diamantsilbermetallic	82	Kunstleder	braun	Kunstleder	Fischgrät braun/beige	Kunstleder	braun
N2 N2 signalgrün	Z7 Z7 colibrigrünmetallic	50	Kunstleder	schwarz	Kunstleder	KL-feinstperforiert	Kunstleder	schwarz
P1 P1 alpinweiß		84	Kunstleder	schwarz	Kunstleder	Fischgrät schwarz/weiß	Kunstleder	schwarz
T3 T3 cockneybraun		83	Kunstleder	schwarz	Kunstleder	Fischgrät orange/schwarz	Kunstleder	schwarz

Colours of the car		Interior trim			Seats			Carpet
Standard colours 924	Special colours	Code-No	Material	Colour	Rear of backrest/ surround	Inlay	Sidepanels	Velours pile carpet/ colour
A1 A1 black	W2 W2 copper metallic	73	Leatherette	beige	Leatherette	Leatherette, perforated	Leatherette	beige
D7 D7 rallye yellow	X3 X3 reseda green metallic	43	Leatherette	beige	Leatherette	Herringbone brown/beige	Leatherette	beige
G2 G2 scarlet	Y3 Y3 bahama blue metallic	72	Leatherette	brown	Leatherette	Leatherette, perforated	Leatherette	brown
H5 H5 malaga red	Z4 Z4 diamond silver metallic	82	Leatherette	brown	Leatherette	Herringbone brown/beige	Leatherette	brown
N2 N2 signal green	Z7 Z7 colibri green metallic	50	Leatherette	black	Leatherette	Leatherette, perforated	Leatherette	black
P1 P1 alpine white		84	Leatherette	black	Leatherette	Herringbone black/white	Leatherette	black
T3 T3 bitter chocolate		83	Leatherette	black	Leatherette	Herringbone orange/black	Leatherette	black

Couleurs de carrosserie		Intérieur			Sièges			Tapis
Couleurs de série modèle 924	Couleurs spéciales	Réf. de com-mande	Qualité	Couleur	Bas et dos	Bande centrale	Bandes latérales	Velours Couleur
A1 A1 noir	W2 W2 cuivre métallisé	73	simili-cuir	beige	simili-cuir	simili-cuir perforé	simili-cuir	beige
D7 D7 jaune rallye	X3 X3 vert réséda métallisé	43	simili-cuir	beige	simili-cuir	tissu, chevrons marron et beige	simili-cuir	beige
G2 G2 rouge mars	Y3 Y3 bleu bahama métallisé	72	simili-cuir	marron	simili-cuir	simili-cuir perforé	simili-cuir	marron
H5 H5 rouge malaga	Z4 Z4 gris diamant métallisé	82	simili-cuir	marron	simili-cuir	tissu, chevrons marron et beige	simili-cuir	marron
N2 N2 vert signal	Z7 Z7 vert colibri métallisé	50	simili-cuir	noir	simili-cuir	simili-cuir perforé	simili-cuir	noir
P1 P1 blanc		84	simili-cuir	noir	simili-cuir	tissu, chevrons noir et blanc	simili-cuir	noir
T3 T3 marron cockney		83	simili-cuir	noir	simili-cuir	tissu, chevrons orange et noir	simili-cuir	noir

Colori carrozzeria		Tappezzeria interna			Sedili			Tappeto
Colori di serie modello 924	Colori speciali	Sigla d'or-dine	Materiale	Colore	Parti laterali e posteriore schienale	Parte centrale	Fasce laterali	Velluto colore
A1 A1 nero	W2 W2 rame metallizzato	73	fintapelle	beige	fintapelle	fintapelle, perforazione capillare	fintapelle	beige
D7 D7 giallo	X3 X3 verde metallizzato	43	fintapelle	beige	fintapelle	tessuto spinato marrone/beige	fintapelle	beige
G2 G2 rosso chiaro	Y3 Y3 blu metallizzato	72	fintapelle	marrone	fintapelle	fintapelle, perforazione capillare	fintapelle	marrone
H5 H5 rosso	Z4 Z4 argento metallizzato	82	fintapelle	marrone	fintapelle	tessuto spinato marrone/beige	fintapelle	marrone
N2 N2 verde	Z7 Z7 verde scuro metallizzato	50	fintapelle	nero	fintapelle	fintapelle, perforazione capillare	fintapelle	nero
P1 P1 bianco		84	fintapelle	nero	fintapelle	tessuto spinato nero/bianco	fintapelle	nero
T3 T3 marrone		83	fintapelle	nero	fintapelle	tessuto spinato arancione/nero	fintapelle	nero

Dr. Ing. h. c. F. Porsche
Aktiengesellschaft
Porschestrasse 42
D-7000 Stuttgart 40
Änderungen vorbehalten
Subject to change
Droit de modification réservé
Con riserva di variazioni
Printed in W-Germany
Mc Corquodale GmbH & Co.
Göttingen
1153.14

Serienfarben 1978
Standard colours
Couleurs de série
Colori di serie

Sonderfarben
Special colours
Couleur spéciales
Colori speciali

Innenausstattung/Sitze
Interior trim/seats
Revêtement intérieur/sièges
Tappezzeria interna/sedili

A1 A1 schwarz, black, noir, nero

D7 D7 rallyegelb, rallye yellow, jaune rallye, giallo

N2 N2 signalgrün, signal green, vert signal, verde

W2 W2 kupfer-metallic, copper metallic, cuivre métallisé, rame metallizzato

G2 G2 marsrot, scarlet, rouge mars, rosso chiaro

P1 P1 alpinweiß, alpine white, blanc, bianco

X3 X3 resedagrün-metallic, reseda green metallic, vert réséda métallisé, verde metallizzato

Z4 Z4 diamantsilber-metallic, diamond silver metallic, gris diamant métallisé, argento metallizzato

H5 H5 malagarot, malaga red, rouge malaga, rosso

T3 T3 cockneybraun, bitter chocolate, marron cockney, marrone

Y3 Y3 bahamablau-metallic, bahama blue metallic, bleu bahama métallisé, blu metallizzato

Z7 Z7 colibrigrün-metallic, colibri green metallic, vert colibri métallisé, verde scuro metallizzato

Kunstleder
Leatherette
Simili-cuir
Fintapelle

Stoff
Cloth
Tissu
Stoffa

Teppich
Carpet
Tapis
Tappeto

Die hier gezeigten Farbmuster können aus drucktechnischen Gründen vom Original abweichen.

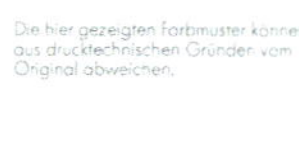

Due to printing reasons the colour samples shown here can differ slightly from the originals.

Pour des raisons de technique d'impression, les couleurs montrées peuvent s'écarter quelque peu de l'original.

Per ragioni tecniche dell'impressione, i colori possono essere diversi dall'originale.

Wagenfarben	
Serienfarben 924	**Sonderfarben 924**
A2 A2 moccaschwarz	W4 W4 petrolblau metallic
A5 A5 flieder	W6 W6 minervablau metallic
D9 D9 mexicobeige	W9 W9 indianarot metallic
G1 G1 indischrot	Z4 Z4 diamantsilber metallic
H5 H5 malagarot	Z7 Z7 colibrigrün metallic
P1 P1 alpinweiß	Z9 Z9 dolomitgrau metallic

	Innenausstattung		Sitze			Teppich
Best. Nr.	**Material**	**Farbe**	**Boden/ Rückwand**	**Mittelstreifen**	**Seiten-wangen**	**Velours/ Farbe**
LV	Kunstleder	beige	Kunstleder	Kunstleder feinstperforiert	Kunstleder	beige
TG	Kunstleder	beige	Leder vorn/ Kunstleder hinten	Leder vorn/ Kunstleder hinten	Leder vorn/ Kunstleder hinten	beige
GB	Kunstleder	beige	Kunstleder	Fischgrät braun-beige	Kunstleder	beige
LU	Kunstleder	braun	Kunstleder	Kunstleder feinstperforiert	Kunstleder	braun
TH	Kunstleder	braun	Leder vorn/ Kunstleder hinten	Leder vorn/ Kunstleder hinten	Leder vorn/ Kunstleder hinten	braun
GA	Kunstleder	braun	Kunstleder	Fischgrät braun-beige	Kunstleder	braun
LT	Kunstleder	schwarz	Kunstleder	Kunstleder feinstperforiert	Kunstleder	schwarz
TE	Kunstleder	schwarz	Leder vorn/ Kunstleder hinten	Leder vorn/ Kunstleder hinten	Leder vorn/ Kunstleder hinten	schwarz
GD	Kunstleder	schwarz	Kunstleder	Fischgrät schwarz-weiß	Kunstleder	schwarz
GC	Kunstleder	schwarz	Kunstleder	Fischgrät orange-schwarz	Kunstleder	schwarz

Colours of the car	
Standard colours 924	**Special colours 924**
A2 A2 mocha black	W4 W4 petrol blue metallic
A5 A5 lilac	W6 W6 minerva blue metallic
D9 D9 mexico beige	W9 W9 indiana red metallic
G1 G1 guards red	Z4 Z4 diamond silver metallic
H5 H5 malaga red	Z7 Z7 colibri green metallic
P1 P1 alpine white	Z9 Z9 dolomite grey metallic

	Interior trim		Seats			Carpet
Code-No.	**Material**	**Colour**	**Rear of backrest/ surround**	**Inlay**	**Sidepanels**	**Velours pile carpet/ Colour**
LV	Leatherette	beige	Leatherette	Leatherette, perforated	Leatherette	beige
TG	Leatherette	beige	Leather front/ Leatherette rear	Leather front/ Leatherette rear	Leather front/ Leatherette rear	beige
GB	Leatherette	beige	Leatherette	Herringbone brown/beige	Leatherette	beige
LU	Leatherette	brown	Leatherette	Leatherette, perforated	Leatherette	brown
TH	Leatherette	brown	Leather front/ Leatherette rear	Leather front/ Leatherette rear	Leather front/ Leatherette rear	brown
GA	Leatherette	brown	Leatherette	Herringbone brown/beige	Leatherette	brown
LT	Leatherette	black	Leatherette	Leatherette, perforated	Leatherette	black
TE	Leatherette	black	Leather front/ Leatherette rear	Leather front/ Leatherette rear	Leather front/ Leatherette rear	black
GD	Leatherette	black	Leatherette	Herringbone black/white	Leatherette	black
GC	Leatherette	black	Leatherette	Herringbone orange/black	Leatherette	black

Couleurs de carrosserie	
Couleurs de série modèle 924	**Couleurs spéciales 924**
A2 A2 noir mocca	W4 W4 bleu pétrol métallisé
A5 A5 mauve lila	W6 W6 bleu minerva métallisé
D9 D9 beige mexico	W9 W9 rouge métallisé
G1 G1 rouge indien	Z4 Z4 gris diamant métallisé
H5 H5 rouge malaga	Z7 Z7 vert colibri métallisé
P1 P1 blanc	Z9 Z9 gris anthracite métallisé

	Intérieur		Sièges			Tapis
Réf. de com-mande	**Qualité**	**Couleur**	**Bas et dos**	**Bande centrale**	**Bandes latérales**	**Velours/ Couleurs**
LV	simili-cuir	beige	simili-cuir	simili-cuir perforé	simili-cuir	beige
TG	simili-cuir	beige	cuir avant/ simili-cuir arrière	cuir avant/ simili-cuir arrière	cuir avant/ simili-cuir arrière	beige
GB	simili-cuir	beige	simili-cuir	tissu, chevrons marron et beige	simili-cuir	beige
LU	simili-cuir	marron	simili-cuir	simili-cuir perforé	simili-cuir	marron
TH	simili-cuir	marron	cuir avant/ simili-cuir arrière	cuir avant/ simili-cuir arrière	cuir avant/ simili-cuir arrière	marron
GA	simili-cuir	marron	simili-cuir	tissu, chevrons marron et beige	simili-cuir	marron
LT	simili-cuir	noir	simili-cuir	simili-cuir perforé	simili-cuir	noir
TE	simili-cuir	noir	cuir avant/ simili-cuir arrière	cuir avant/ simili-cuir arrière	cuir avant/ simili-cuir arrière	noir
GD	simili-cuir	noir	simili-cuir	tissu, chevrons noir et blanc	simili-cuir	noir
GC	simili-cuir	noir	simili-cuir	tissu, chevrons orange et noir	simili-cuir	noir

Colori carrozzeria	
Colori di serie modello 924	**Colori speciali 924**
A2 A2 nero mocca	W4 W4 blu petrolio metallizzato
A5 A5 lilla	W6 W6 blu metallizzato
D9 D9 beige chiaro	W9 W9 rosso metallizzato
G1 G1 rosso chiaro	Z4 Z4 argento metallizzato
H5 H5 rosso scuro	Z7 Z7 verde scuro metallizzato
P1 P1 bianco	Z9 Z9 grigio metallizzato

	Tappezzeria interna		Sedili			Tappeto
Sigla d'or-dine	**Materiale**	**Colore**	**Parti laterali e posteriore schienale**	**Parte centrale**	**Fasce laterali**	**Velluto/ Colore**
LV	fintapelle	beige	fintapelle	fintapelle, perforazione capillare	fintapelle	beige
TG	fintapelle	beige	pelle anteriore/ fintapelle posteriore	pelle anteriore/ fintapelle posteriore	pelle anteriore/ fintapelle posteriore	beige
GB	fintapelle	beige	fintapelle	tessuto spinato marrone/beige	fintapelle	beige
LU	fintapelle	marrone	fintapelle	fintapelle, perforazione capillare	fintapelle	marrone
TH	fintapelle	marrone	pelle anteriore/ fintapelle posteriore	pelle anteriore/ fintapelle posteriore	pelle anteriore/ fintapelle posteriore	marrone
GA	fintapelle	marrone	fintapelle	tessuto spinato marrone/beige	fintapelle	marrone
LT	fintapelle	nero	fintapelle	fintapelle, perforazione capillare	fintapelle	nero
TE	fintapelle	nero	pelle anteriore/ fintapelle posteriore	pelle anteriore/ fintapelle posteriore	pelle anteriore/ fintapelle posteriore	nero
GD	fintapelle	nero	fintapelle	tessuto spinato nero/bianco	fintapelle	nero
GC	fintapelle	nero	fintapelle	tessuto spinato arancione/nero	fintapelle	nero

Dr. Ing. h. c. F. Porsche
Aktiengesellschaft
Porschestrasse 42
D-7000 Stuttgart 40
Änderungen vorbehalten
Subject to change
Droit de modification réservé
Con riserva di variazioni
Printed in W.-Germany
Mc Corquodale GmbH & Co.
Göttingen
1904.14

Serienfarben 1979
Standard colours
Couleurs de série
Colori di serie

Sonderfarben
Special colours
Couleur spéciales
Colori speciali

Innenausstattung/Sitze
Interior trim/seats
Revêtement intérieur/sièges
Tappezzeria interna/sedili

A2 A2 mocca schwarz, mocha black, noir mocca, nero mocca

G1 G1 indischrot, guards red, rouge indien, rosso chiaro

W4 W4 petrolblau metallic, petrol blue metallic, bleu pétrole métallisé, blu petrolio metallizzato

Z4 Z4 diamantsilber metallic, diamond silver metallic, gris diamant métallisé, argento metallizzato

A5 A5 flieder, lilac, mauve lila, lilla

H5 H5 malagarot, malaga red, rouge malaga, rosso scuro

W6 W6 minervablau metallic, minerva blue metallic, bleu minerva métallisé, blu metallizzato

Z7 Z7 colibrigrün metallic, colibri green metallic, vert colibri métallisé, verde scuro metallizzato

D9 D9 mexicobeige, mexico beige, beige mexico, beige chiaro

P1 P1 alpinweiß, alpine white, blanc, bianco

W9 W9 indianarot metallic, indiana red metallic, rouge métallisé, rosso metallizzato

Z9 Z9 dolomitgrau metallic, dolomite grey metallic, gris anthracite métallisé, grigio metallizzato

Kunstleder
Leatherette
Simili-cuir
Fintapelle

Stoff
Cloth
Tissu
Stoffa

Teppich
Carpet
Tapis
Tappeto

Die hier gezeigten Farbmuster können aus drucktechnischen Gründen vom Original abweichen.

Due to printing reasons the colour samples shown here can differ slightly from the originals.

Pour des raisons de technique d'impression, les couleurs montrées peuvent s'écarter quelque peu de l'original.

Per ragioni tecniche dell'impressione, i colori possano essere diversi dall'originale.

Wagenfarben
Colours of the car
Couleurs de carrosserie
Colori carrozzeria

Serienfarben
Standard colours
Couleurs de série
Colori di serie

A2 A2 moccaschwarz, mocha black, noir mocca, nero mocca

D5 D5 coloradobeige, colorado beige, beige colorado, beige scuro

G1 G1 indischrot, guards red, rouge indien, rosso chiaro

G3 G3 venusrot, venus red, rouge venus, rosso mattone

J3 J3 monacoblau, monaco blue, bleu ardoise, azzurro

K9 K9 mauritiusblau, mauritius blue, bleu maurice, blu scuro

N8 N8 sundagrün, conifer green, vert lierre, verde edera

P1 P1 alpinweiß, alpine white, blanc, bianco

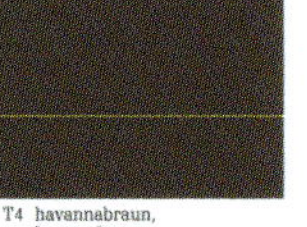
T4 T4 havannabraun, havana brown, marron havane, marrone avana

Sonderfarben
Special colours
Couleurs spéciales
Colori speciali

U1 U1 platin metallic, pewter metallic, beige platine métallisé, platino metallizzato

U7 U7 schwarz metallic, black metallic, noir métallisé, nero metallizzato

W6 W6 minervablau metallic, minerva blue metallic, bleu minerva métallisé, blu metallizzato

W9 W9 indianarot metallic, indiana red metallic, rouge métallisé, rosso metallizzato

Y3 Y3 saturn metallic, saturn metallic, saturne métallisé, marrone metallizzato

Y5 Y5 meteor metallic, meteor metallic, gris météorite métallisé, grigio metallizzato

Z2 Z2 onyx metallic, onyx metallic, vert onyx foncé métallisé, verde metallizzato

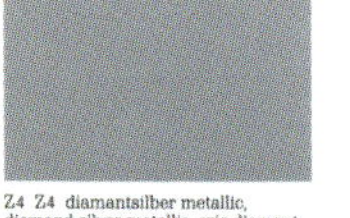
Z4 Z4 diamantsilber metallic, diamond silver metallic, gris diamant métallisé, argento metallizzato

Zweifarben-Lackierungen
Dual tone colours
Peintures à deux couleurs
Verniciature bicolore

D5 A2 coloradobeige/moccaschwarz, colorado beige/mocha black, beige colorado/noir mocca, beige scuro/nero mocca

U1 T4 platin metallic/havannabraun, pewter metallic/havana brown, beige platine métallisé/marron havane, platino metallizzato/marrone avana

Y4 Z2 inarisilber metallic/onyx metallic, inari silver metallic/onyx metallic, vert d'eau métallisé/vert onyx foncé métallisé, verde chiaro metallizzato/verde metallizzato

Z4 Y5 diamantsilber metallic/meteor metallic, diamond silver metallic/meteor metallic, gris diamant métallisé/gris météorite métallisé, argento metallizzato/grigio metallizzato

Innenausstattung/Sitze
Interior trim/seats
Revêtement intérieur/sièges
Tappezzeria interna/sedili

Kunstleder
Leatherette
Simili-cuir
Fintapelle

Stoff »Berber«
Cloth »Berber«
Tissu »Berbère«
Stoffa »Tweed«

Nadelstreifen
Pin stripe
Velours tennis
Velluto a righe

Velours »Pascha«
Velours »Pasha«
Velours damier »Pacha«
Velluto »Pascià«

Teppich
Carpet
Moquette
Tappeto

Schottenkaro
Tartan dress
Tissu écossais
Stoffo scozzese

Nadelstreifen
Pin stripe
Velours tennis
Velluto a righe

Velours «Pascha»
Velours «Pasha»
Velours damier «Pacha»
Velluto «Pascià»

Teppich
Carpet
Moquette
Tappeto

Innenausstattung/Sitze
Interior trim/seats
Revêtement intérieur/sièges
Tappezzeria interna/sedili

Wagenfarben
Colours of the car
Couleurs de carrosserie
Colori carrozzeria

Kunstleder
Leatherette
Simili-cuir
Fintapelle

Serienfarben 1980
Standard colours
Couleurs de série
Colori di serie

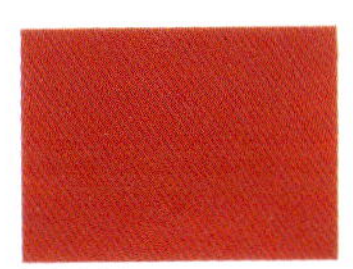
G1 G1 indischrot,
guards red,
rouge indien, rosso chiaro

G3 G3 venusrot,
venus red,
rouge venus, rosso mattone

A2 A2 moccaschwarz,
mocha black,
noir mocca, nero mocca

A5 A5 flieder,
lilac,
mauve lila, lilla

D9 D9 mexicobeige,
mexico beige,
beige mexico, beige chiaro

P1 P1 alpinweiß,
alpine white,
blanc, bianco

H5 H5 malagarot,
malaga red,
rouge malaga, rosso scuro

J3 J3 monacoblau,
monaco blue,
bleu ardoise, azzurro

K5 K5 amethyst,
amethyst,
aubergine, viola scuro

Sonderfarben
Special colours
Couleurs spéciales
Colori speciali

Z2 Z2 onyx metallic,
onyx metallic, vert onyx foncé métallisé,
verde metallizzato

Z4 Z4 diamantsilber metallic,
diamond silver metallic,
gris diamant métallisé, argento metallizzato

Z9 Z9 dolomitgrau metallic,
dolomite grey metallic, gris anthracite
métallisé, grigio metallizzato

W4 W4 petrolblau metallic,
petrol blue metallic, bleu pétrole métallisé,
blu petrolio metallizzato

W6 W6 minervablau metallic,
minerva blue metallic,
bleu minerva métallisé, blu metallizzato

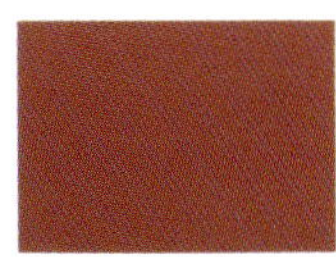
W9 W9 indianarot metallic,
indiana red metallic,
rouge métallisé, rosso metallizzato

Zweifarben-Lackierungen
Dual tone colours
Peintures à deux couleurs
Verniciature bicolore

Y4 Z2 inarisilber metallic/onyx metallic,
inari silver metallic/onyx metallic,
vert d'eau métallisé/vert onyx
foncé métallisé, verde chiaro
metallizzato/verde metallizzato

Z4 W5 diamantsilber metallic/heliosblau
metallic, diamond silver metallic/helios
blue metallic, gris diamant métallisé/bleu
hélios métallisé, argento metallizzato/blu
scuro metallizzato

Z4 Z9 diamantsilber metallic/dolomitgrau
metallic, diamond silver metallic/dolomite
grey metallic, gris diamant métallisé/gris
anthracite métallisé, argento metallizzato/
grigio metallizzato

D9 A2 mexicobeige/moccaschwarz,
mexico beige/mocha black,
beige mexico/noir mocca,
beige chiaro/nero mocca

P1 D9 alpinweiß/mexicobeige,
alpine white/mexico beige,
blanc/beige mexico,
bianco/beige chiaro

P1 G1 alpinweiß/indischrot,
alpine white/guards red,
blanc/rouge indien,
bianco/rosso chiaro

Wagenfarben
Colours of the car
Couleurs de carrosserie
Colori carrozzeria

A2 A2 moccaschwarz, mocha black, noir mocca, nero mocca

A3 A3 gabungrau, gaboon grey, gris gabon, grigio chiaro

G1 G1 indischrot, guards red, rouge indien, rosso chiaro

H2 H2 gambiarot, gambia red, rouge gambie, rosso scuro

Serienfarben
Standard colours
Couleurs de série
Colori di serie

K9 K9 mauritiusblau, mauritius blue, bleu maurice, blu scuro

P1 P1 alpinweiß, alpine white, blanc, bianco

T4 T4 havannabraun, havana brown, marron havane, marrone avana

Sonderfarben
Special colours
Couleurs spéciales
Colori speciali

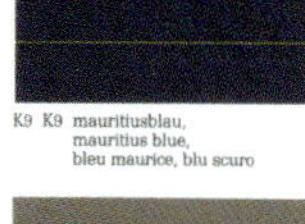

U1 U1 platin metallic, pewter metallic, beige platine métallisé, platino metallizzato

U2 U2 hellblau metallic, light blue metallic, gris bleu métallisé, azzurro chiaro metallizzato

U7 U7 schwarz metallic, black metallic, noir métallisé, nero metallizzato

W1 W1 lhasa metallic, ocean green metallic, bleu foncé métallisé, verde petrolio metallizzato

Y2 Y2 surinam metallic, claret metallic, rouge surinam métallisé, rosso metallizzato

Y5 Y5 meteor metallic, meteor metallic, gris météorite métallisé, grigio metallizzato

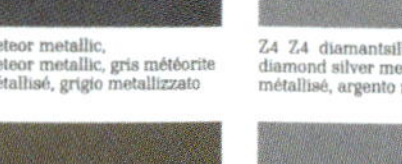

Z4 Z4 diamantsilber metallic, diamond silver metallic, gris diamant métallisé, argento metallizzato

Zweifarben-Lackierungen
Dual tone colours
Peintures à deux couleurs
Verniciature bicolore

P1 A3 alpinweiß/gabungrau, alpine white/gaboon grey, blanc/gris gabon, bianco/grigio chiaro

U1 T4 platin metallic/havannabraun, pewter metallic/havana brown, beige platine métallisé/marron havane, platino metallizzato/marrone avana

Z4 Y5 diamantsilber metallic/meteor metallic, diamond silver metallic/meteor metallic, gris diamant métallisé/gris météorite métallisé, argento metallizzato/grigio metallizzato

Innenausstattung/Sitze
Interior trim/seats
Revêtement intérieur/sièges
Tappezzeria interna/sedili

Kunstleder
Leatherette
Simili-cuir
Fintapelle

Stoff »Berber«
Cloth »Berber«
Tissu »Berbère«
Stoffa »Tweed«

Nadelstreifen
Pin stripe
Velours tennis
Velluto a righe

Velours »Pascha«
Velours »Pasha«
Velours damier »Pacha«
Velluto »Pasciá«

Teppich
Carpet
Moquette
Tappeto

Wagenfarben
Colours of the car

Couleurs de carrosserie
Colori carrozzeria

Innenausstattung/Sitze
Interior trim/seats

Serienfarben
Standard colours
Couleurs de série
Colori di serie

Sonderfarben
Special colours
Couleurs spéciales
Colori speciali

Sonderfarben
Special colours
Couleurs spéciales
Colori speciali

Leder
Leather
Cuir
Pelle

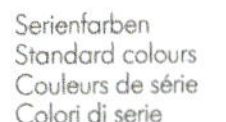

A1 A1 schwarz, black, noir, nero

L1 L1 zermattsilber metallic, zermatt silver metallic, gris argent métallisé, argento metallizzato

R6 R6 hellbronze metallic, light bronze metallic, bronze clair métallisé, beige metallizzato

*schwarz, black, noir, nero

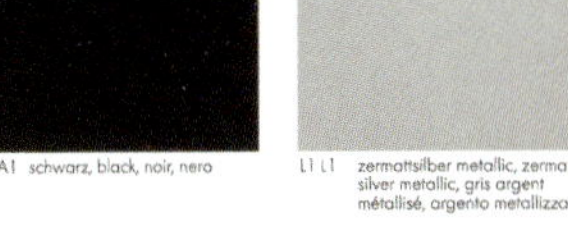

B4 B4 pasadenagelb, pasadena yellow, beige pasadena, giallo crema

L2 L2 geminigrau metallic, gemini grey metallic, gris gémini métallisé, grigio metallizzato

U1 U1 platin metallic, pewter metallic, beige platine métallisé, platino metallizzato

*braun, brown, marron, marrone

G1 G1 indischrot, guards red, rouge indien, rosso

L3 L3 montegoschwarz metallic, montego black metallic, noir montégo métallisé, nero metallizzato

W9 W9 sienarot metallic, siena red metallic, rouge sienne métallisé, rosso metallizzato

*graubeige, grey-beige, gris-beige, beige

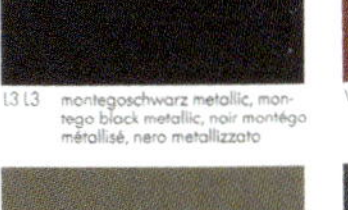

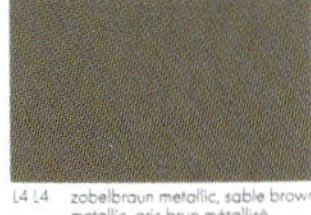

K3 K3 kopenhagenblau, copenhagen blue, bleu nuit, blu scuro

L4 L4 zobelbraun metallic, sable brown metallic, gris brun métallisé, marrone metallizzato

Y8 Y8 moosgrün metallic, moos green metallic, vert mousse métallisé, verde scuro metallizzato

Die hier gezeigten Farbmuster können aus drucktechnischen Gründen vom Original abweichen.

Due to printing reasons the colour samples shown here can differ slightly from the originals.

Pour des raisons de technique d'impression les couleurs montrées peuvent s'écarter quelque peu de l'original.

Per ragioni tecniche dell'impressione i color possono essere diversi dall'originale.

P1 P1 alpinweiß, alpine white, blanc, bianco

L5 L5 saphir metallic, sapphire metallic, saphir métallisé, grigio chiaro metallizzato

* Nur in Verbindung mit Sportsitzen
Only in connection with sport seats
Seulement en connexion avec des sièges sportifs
Solamente in combinazione dei sedili sportivi

Revêtement intérieur/sièges
Tappezzeria interna/sedili

Kunstleder
Leatherette
Simili-cuir
Fintapelle

Velours »Pascha«
Velours »Pasha«
Velours damier »Pacha«
Velluto »Pascià«

Nadelstreifen
Pin stripe
Velours tennis
Velluto a righe

Stoff »Berber«
Cloth »Berber«
Tissu »Berbère«
Stoffa »Tweed«

Teppich
Carpet
Moquette
Tappeto

Teppich
Carpet
Moquette
Tappeto

schwarz, black, noir, nero

hellgrau/schwarz, light grey/black, gris clair/noir, grigio chiaro/nero

schwarz/weiß, black/white, noir/blanc, nero/bianco

grau/schwarz, grey/black, gris/noir, grigio/nero

schwarz, black, noir, nero

grau, grey, gris, grigio

braun, brown, marron, marrone

braun/grau, brown/grey, gris/marron, marrone/grigio

braun/beige, brown/beige, marron/beige, marrone/beige

beige/braun, beige/brown, beige/marron, beige/marrone

braun, brown, marron, marrone

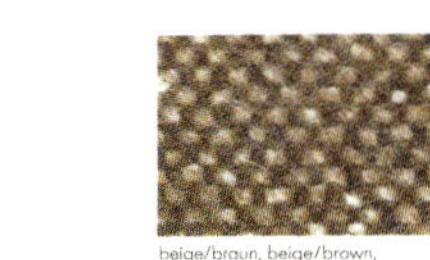

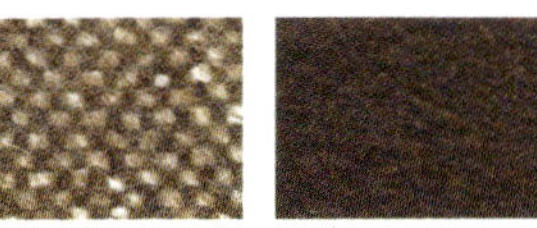

graubeige, grey-beige, gris-beige, beige

braun/grau, brown/grey, gris/marron, marrone/grigio

graubeige/weiß, grey-beige/white, gris-beige/blanc, beige/bianco

graubeige/grau, grey-beige/grey, gris-beige/gris, beige/grigio

graubeige, grey-beige, gris-beige, beige

Modelljahr 1984

Wagenfarben

Innenausstattung/Sitze

Modelljahr 1985

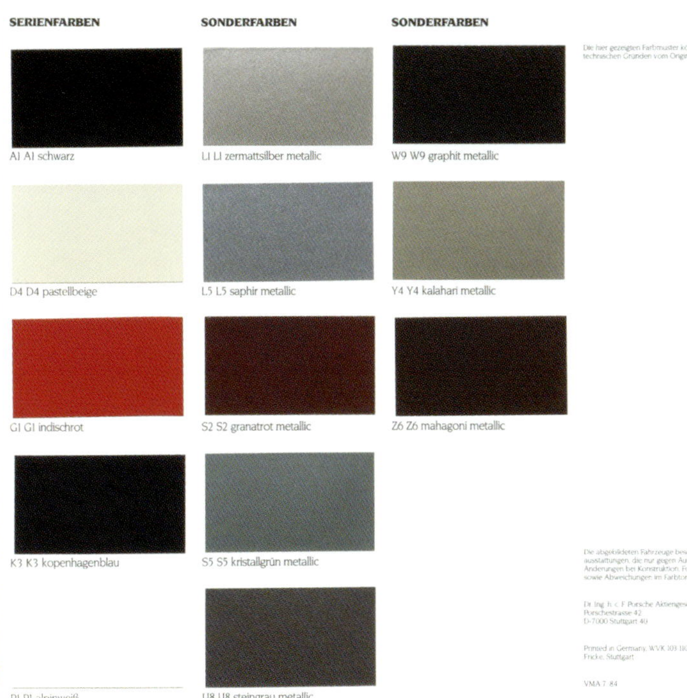

Modelljahr 1986

Wagenfarben

Innenausstattung/Sitze

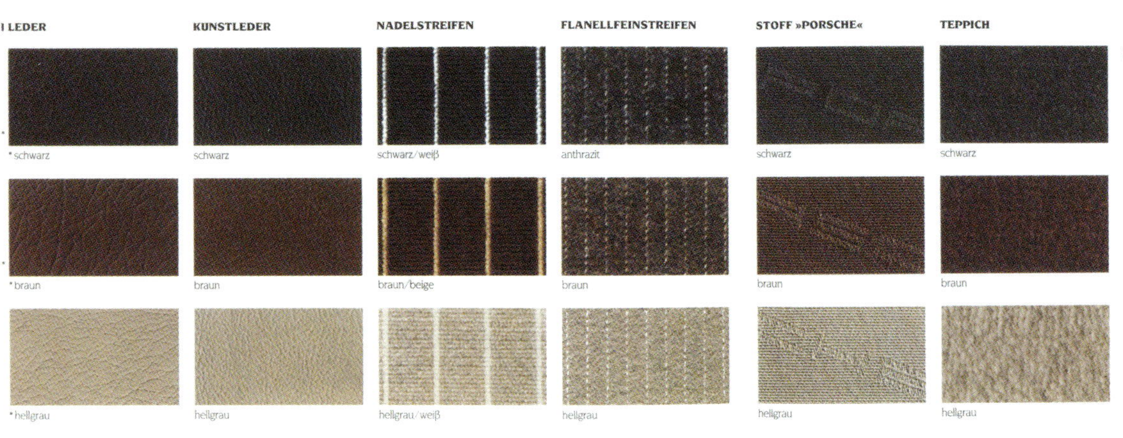

Wagenfarben

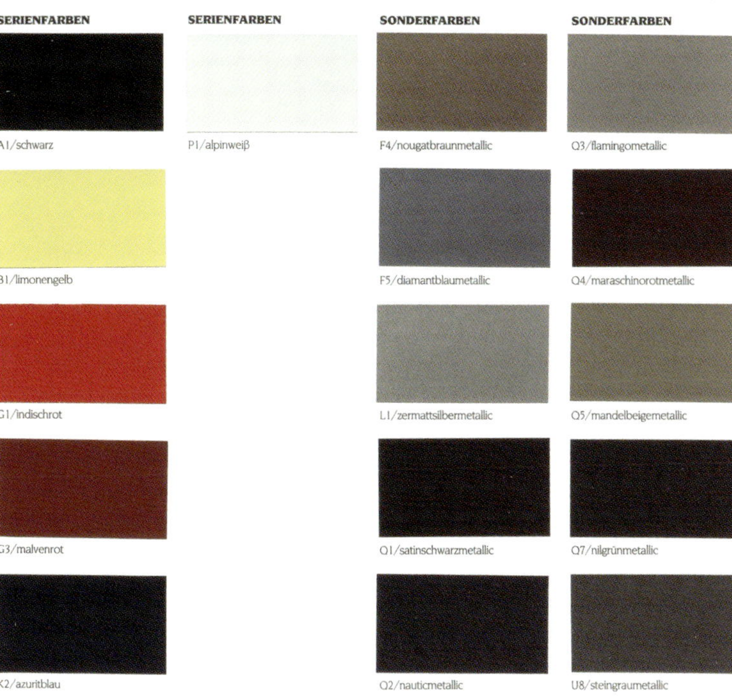

Innenausstattung/Sitze

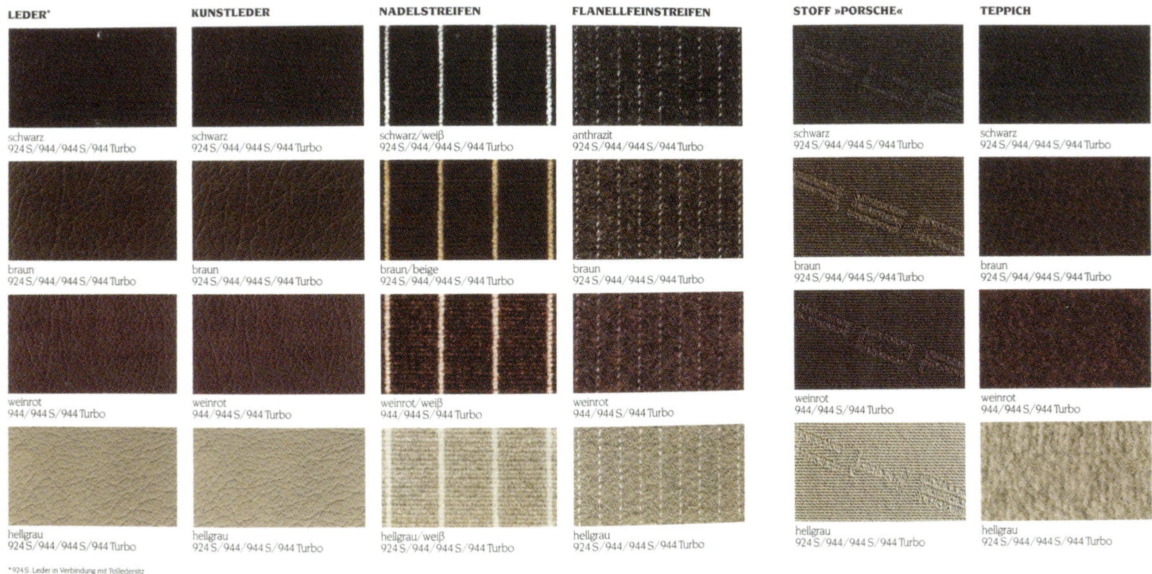

* 924 S: Leder in Verbindung mit Teilledersitz oder Ganzledersportsitz
* 944/944 S/944 Turbo: Leder in Verbindung mit Teilledersitz oder Ledersitzanlage und Ledertrimm.

Bei hellgrauem Interieur gilt: Schalttafel, Mittelkonsole, Türschlüsselleisten sowie Dach- und Fondseitenverkleidung schwarz.

WAGENFARBEN

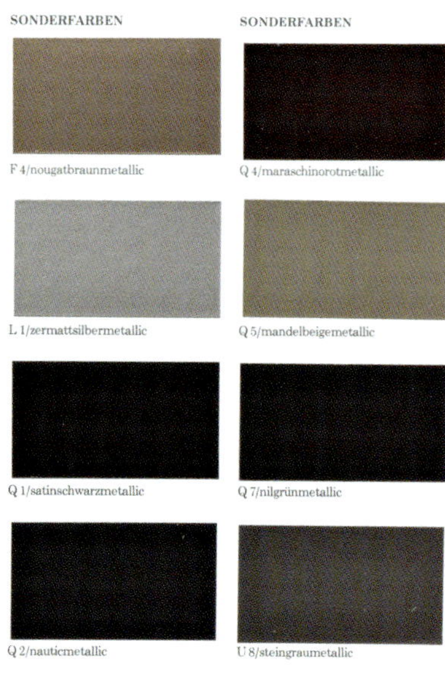

INNENAUSSTATTUNG/SITZE

Sondermodelle Porsche 924

	M-Nr.	Verkaufsmarkt	Stückzahl	Produktionszeitraum	Lackierung	Innenausstattung	
Jubiläums-Modell Martini/WM	M426	R.d.W. USA	1000 2000	12/76 – 03/77	9010 RAL weiß	J4 G5	Kunstleder (KL) schwarz, Stoff Flockcord rot Notsitzanlage Flockcord rot Notsitzanlage KL schwarz
USA	M426	USA	1800	03/78 – 07/78	Z9 Dolomitgrau-Metallic	M3	KL schwarz, Stoff Schachbrettvelours schwarz/silber
Schweiz	M426	Schweiz	100	02/78 – 03/78	Z3 Perl-Metallic	M2	KL braun, Stoff Nadelstreifenvelours Kork
Frankreich	M427	Frankreich	100	09/78 – 10/78	Z9 Dolomitgrau-Metallic	UJ	KL schwarz, Stoff Nadelstreifenvelours schwarz-weiß
Sebring	M429	USA	1400	12/78 – 02/79	G1 Indischrot	UK	KL schwarz, Stoff Schottenkaro rot-blau
Kork	M428	R.d.W.	300	03/79x	Z3 Perl-Metallic	US	KL braun, Stoff Nadelstreifenvelours Honig, Teppich Kork
924 Turbo Einführung 1979	M420	USA	600	06/79 – 07/79	Z4 Diamantsilber Z9 Dolomitgrau-Metallic	HE	KL schwarz, Stoff Schachbrettvelours schwarz-weiß
Italien	k.A.	Italien	150	02/80x	U7 Schwarz-Metallic	BH	KL schwarz, Stoff Nadelstreifenvelours schwarz-weiß
Le Mans	M426	R.d.W.	1030	07/80 – 08/80	P1 Alpinweiß	WG	KL schwarz, Stoff Nadelstreifen schwarz-weiß
USA	M459	USA	400	03/81 – 04/81	U1 Platin-Metallic	UA	KL braun, Stoff Leinen braun + beige
Jubiläums-Modell 50 Jahre	M402	Deutschland	589	07/81 – 09/81	U3 Zinn-Metallic	UG	KL schwarz, Ledersitze, Stoff Streifendesign schwarz/grau, Teppich grau
		R.d.W.	425			UY	KL schwarz, KL-Sitze, Stoff Streifendesign schwarz/grau, Teppich grau
Schweiz	M449	Schweiz	30	12/81 – 01/82	P1 Alpinweiß	UA	KL schwarz, Stoff Nadelstreifen schwarz-rot, Türtafeln Stoff
Italien	M426	Italien	100	03/82 – 04/82	A1 Schwarz	RA	KL schwarz, Stoff Nadelstreifen schwarz-weiß
Sonderserien Deutschland	I	Deutschland	58	06/82x	L3 Montegoschwarz	07	KL schwarz, Stoff Schachbrett grau/schwarz
	II		32		L4 Zobelbraun-Metallic	WT	KL braun, Stoff Schottenkaro beige/braun
	III		28		L4 Zobelbraun-Metallic	WU	KL beige, Stoff Schottenkaro beige/Braun
	IV		16		L1 Zermattsilber-Metallic	WQ	KL schwarz, Stoff Schottenkaro rot-blau
	V		22		L1 Zermattsilber-Metallic	WS	KL schwarz, Stoff Schottenkaro grün/blau
	VI		12		L1 Zermattsilber-Metallic	GM	KL schwarz, Stoff Schachbrett grau/schwarz
924 Turbo Italien	k.A.	Italien	88	09/83x	L1 Zermattsilber-Metallic	50	KL schwarz, KL-Sitze oder Stoff, Porsche-Schriftzug anthrazit-weinrot, Keder weinrot, Teppich schwarz
924 S Exclusiv (Sport-Fahrwerk)	M755	Deutschland	200	07/87 – 08/87	A1 Schwarz	RP	KL schwarz, Stoff Flanellstreifen grau/ türkis, Keder türkis, Ganzstoff-Sportsitze, Felgen schwarz/türkis
		Export	113		A1 Schwarz	RP	KL schwarz, Stoff Flanellstreifen grau/türkis, Keder türkis, Ganzstoff-Sportsitze, Felgen schwarz/türkis
	M755	Deutschland	50		P1 Alpinweiß	RV	KL schwarz, Stoff Flanellstreifen grau/ockergelb, Keder ocker, Ganzstoff-Sportsitze, Felgen weiß/ockergelb
		Export	117		P1 Alpinweiß	RV	KL schwarz, Stoff Flanellstreifen grau/ockergelb, Keder ocker, Ganzstoff-Sportsitze, Felgen weiß/ockergelb
	M756	USA	500	07/87 – 09/87	A1 Schwarz	RY	KL schwarz, Stoff Flanellstreifen grau/weinrot, Keder weinrot, Ganzstoff-Sitze, Teppich weinrot

	924 (1976 – 1979)	924 (1979 – 1985)	924 Turbo I
Motor	Reihenvierzylinder, Typ 047/8 (mit Automatik: 047/9)	Reihenvierzylinder, Typ 047/8 (mit Automatik: 047/9)	Reihenvierzylinder mit Abgas-Turbolader KKK 26, Typ M 31/01
Zylinder	4	4	4
Bohrung x Hub	86,5 x 84,4 mm	86,5 x 84,4 mm	86,5 x 84,4 mm
Hubraum	1984 cm³	1984 cm³	1984 cm³
Leistung	92 kW (125 PS) bei 5800/min USA und Japan: 115 PS	92 kW (125 PS) bei 5800/min USA und Japan: 112 PS	125 kW (170 PS) bei 5500/min USA und Japan: 145 PS
Drehmoment	165 Nm bei 3500/min	165 Nm bei 3500/min	245 Nm bei 3400/min
Verdichtung	9,3:1	9,3:1	7,5:1
max. Ladedruck			0,7 bar
Gemischaufbereitung	Mech. Einspritzung Bosch K-Jetronic	Mech. Einspritzung Bosch K-Jetronic	Mech. Einspritzung Bosch K-Jetronic
Zündung	Batteriezündung	Transistorzündung	kontaktlose Transistorzündung
Ventile	ohv, über Zahnriemen angetrieben	ohv, über Zahnriemen angetrieben	ohv, über Zahnriemen angetrieben
Kurbelwellenlager	5	5	5
Kühlung	8 Liter Wasser	8 Liter Wasser	8 Liter Wasser
Schmierung	5 Liter Öl	5 Liter Öl	5,5 Liter Öl
Batterie	12 V 45 Ah (Automatik 12 V / 63 Ah)	12 V 45 Ah (Automatik 12 V / 63 Ah)	12 V 45 Ah
Lichtmaschine	Drehstrom 1050 W	Drehstrom 1050 W	Drehstrom 1050 W
Kraftübertragung	Transaxle-Antrieb auf Hinterräder, Motor längs über Vorderachse mit starrem Verbindungsrohr zum Getriebe vor der Hinterachse	Transaxle-Antrieb auf Hinterräder, Motor längs über Vorderachse, mit starrem Verbindungsrohr zu Getriebe vor der Hinterachse	Transaxle-Antrieb auf Hinterräder, Motor längs über Vorderachse, mit starrem Verbindungsrohr zu Getriebe vor der Hinterachse
Getriebe	Viergang-Schaltgetriebe, Typ 088/6; auf Wunsch Fünfgang-Schaltgetriebe, Typ 016Z; ab Modelljahr 1977 auf Wunsch Dreigangautomatik, Typ 087/3	Fünfgang-Schaltgetriebe, Typ 016/8 auf Wunsch Dreigangautomatik, Typ 087/3	Fünfgang-Schaltgetriebe, Typ G31/01
	Viergang-Getriebe / Fünfgang-Getriebe / Automatik	Fünfgang-Getriebe / Automatik	
Übersetzungen	I. 3,6 / 2,77 / 2,55	I. 3,6 / 2,55	I. 3,166
	II. 2,125 / 1,72 / 1,45	II. 2,125 / 1,45	II. 1,778
	III. 1,36 / 1,22 / 1	III. 1,458 / 1	III. 1,217
	IV. 0,967 / 0,93	IV. 1,107	IV. 0,931
	V. 0,71	V. 0,857	V. 0,706
Antriebsübersetzung	Viergang 3,444; USA und Japan: 3,727 Fünfgang 4,714; USA und Japan: 3,727 Automatik 3,445	Fünfgang 3,889; USA und Japan: 3,727 Automatik 3,445; USA und Japan: 3,727	4,125 USA und Japan: 4,71
Fahrwerk	selbsttragende Karosserie, Einzelradaufhängung rundum	selbsttragende Karosserie, Einzelradaufhängung rundum	selbsttragende Karosserie, Einzelradaufhängung rundum
Vorderachse	McPherson-Federbeine, Querlenker unten, Schraubenfedern, auf Wunsch Stabilisator	McPherson-Federbeine, Querlenker unten, Schraubenfedern, Stabilisator	McPherson-Federbeine, Querlenker unten, Schraubenfedern, Stabilisator
Hinterachse	Schräglenker, pro Rad ein Federstab quer, auf Wunsch Stabilisator	Schräglenker, pro Rad ein Federstab quer, auf Wunsch Stabilisator	Schräglenker, pro Rad ein Federstab quer, Stabilisator
Lenkung	Zahnstange (19,15:1), vier Umdrehungen	Zahnstange (19,15:1), vier Umdrehungen	Zahnstange (19,15:1), vier Umdrehungen
Bremse	Zweikreis-Hydraulik mit Servo, Scheiben vorne (257 x 13 mm), Trommeln hinten (230 x 38,6 mm)	Zweikreis-Hydraulik mit Servo, Scheiben vorne (257 x 13 mm), Trommeln hinten (230 x 38,6 mm)	Zweikreis-Hydraulik mit Servo, innenbelüftete Scheiben vorne/hinten, (282 x 20/289 x 20 mm)
Maße, Volumina, Fahrleistungen, Verbrauch			
Radstand	2400 mm	2400 mm	2400 mm
Spur vorne/hinten	1418/1372 mm	1418/1372 mm	1418/1392 mm
Länge x Breite x Höhe	4213 x 1685 x 1270 mm	4213 x 1685 x 1270 mm	4212 x 1685 x 1270 mm
Räder/Reifen	5,5 J x 14 (Stahl) mit 165 HR 14, auf Wunsch 6 J x 14 (LM) mit 185/70 HR 14 (serienmäßig ab MJ 1979)	6 J x 14 mit 185/70 HR 14, ab MJ 1981 auf Wunsch 6 J x 15 mit 205/60 HR 15	6 J x 15 (LM) mit 185/70 HR 15, auf Wunsch 6 J x 16 (LM) mit 205/55 VR 16
Leergewicht	1080 kg	1130 kg	1180 kg
Zuläss. Gesamtgewicht	1400 kg	1450 kg	1500 kg
Kofferraumvolumen	318 – 514 l	318 – 514 l	318 – 514 l
Höchstgeschwindigkeit	200 km/h (Automatik 195 km/h) USA und Japan: 185 km/h	204 km/h USA und Japan: 192 km/h	225 km/h USA/Japan: 215 km/h
Beschl. 0–100 km/h	10,5 sek, mit Fünfganggetriebe: 9,6 sek (Automatik 11,4 sek)	9,6 sek (Automatik 11,4 sek)	7,8 sek
Verbrauch/100 km	9,0 Liter Super (Automatik 9,8 Liter)	9,0 Liter Super (Automatik 9,8 Liter)	11,2 Liter Super
Tankinhalt	62 Liter (Heck)	66 Liter (Heck)	66 Liter (Heck)
Stückzahl	121.510 (1976 –1985)	121.510 (1976 –1985)	7136

	924 Turbo II	924 Carrera GT
Motor	Reihenvierzylinder mit Abgas-Turbolader KKK 26, Typ M 31/01	Reihenvierzylinder mit Abgas-Turbolader KKK 26 und Ladeluftkühler, Typ M 31/50
Zylinder	4	4
Bohrung x Hub	86,5 x 84,4 mm	86,5 x 84,4 mm
Hubraum	1984 cm³	1984 cm³
Leistung	130 kW (177 PS) bei 5500/min USA und Japan: 156 PS	154 kW (210 PS) bei 6000/min
Drehmoment	250 Nm bei 3500/min	280 Nm bei 3500/min
Verdichtung	8,5:1	8,5:1
max. Ladedruck	0,63 bar	0,85 bar
Gemischaufbereitung	Mech. Einspritzung Bosch K-Jetronic	Mech. Einspritzung Bosch K-Jetronic
Zündung	Transistorzündung mit digitaler Zündwinkelverstellung	Transistorzündung mit digitaler Zündwinkelverstellung
Ventile	ohv, über Zahnriemen angetrieben	ohv, über Zahnriemen angetrieben
Kurbelwellenlager	5	5
Kühlung	8 Liter Wasser	8 Liter Wasser
Schmierung	5,5 Liter Öl	5,5 Liter Öl
Batterie	12 V 45 Ah	12 V 45 Ah
Lichtmaschine	Drehstrom 1050 W	Drehstrom 1050 W
Kraftübertragung	Transaxle-Antrieb auf Hinterräder, Motor längs über Vorderachse, mit starrem Verbindungsrohr zu Getriebe vor der Hinterachse	Transaxle-Antrieb auf Hinterräder, Motor längs über Vorderachse mit starrem Verbindungsrohr zum Getriebe vor der Hinterachse
Getriebe	Fünfgang-Schaltgetriebe, Typ G31/01	Fünfgang-Schaltgetriebe, Typ G31/03
Übersetzungen	I. 3,166 II. 1,778 III. 1,217 IV. 0,931 V. 0,706	I. 3,166 II. 1,777 III. 1,217 IV. 0,931 V. 0,706
Antriebsübersetzung	4,125 USA und Japan: 4,71	3,89
Fahrwerk	selbsttragende Karosserie, Einzelradaufhängung rundum	selbsttragende Karosserie, Einzelradaufhängung rundum
Vorderachse	McPherson-Federbeine, Querlenker unten, Schraubenfedern, Stabilisator	McPherson-Federbeine, Querlenker unten, Schraubenfedern, Stabilisator
Hinterachse	Schräglenker, pro Rad ein Federstab quer, Stabilisator	Schräglenker, pro Rad ein Federstab quer, Stabilisator
Lenkung	Zahnstange (19,15:1), vier Umdrehungen	Zahnstange (19,15:1), vier Umdrehungen
Bremse	Zweikreis-Hydraulik mit Servo, innenbelüftete Scheiben vorne/hinten, (282 x 20/289 x 20 mm)	Zweikreis-Hydraulik mit Servo, innenbelüftete Scheiben vorne/hinten (282 x 20/289 x 20 mm)
Maße, Volumina, Fahrleistungen, Verbrauch		
Radstand	2400 mm	2400 mm
Spur vorne/hinten	1418/1392 mm	1477/1451 mm (mit 7+ 8 J x 15: 1477/1476; mit 7 + 8 J x 16: 1477/476)
Länge x Breite x Höhe	4212 x 1685 x 1270 mm	4320 x 1735 x 1275 mm
Räder/Reifen	6 J x 15 (LM) mit 185/70 HR 15, auf Wunsch 6 J x 16 (LM) mit 205/55 VR 16	7 J x 15 (LM) mit 215/60 VR 15, auf Wunsch 7 J x 15 + 8 J x 15 mit 215/60 VR 15, bzw. 7 J x 16 + 8 J x 16 mit 205 /55 VR 16 und 225/50 VR 16
Leergewicht	1180 kg	1180 kg
Zuläss. Gesamtgewicht	1500 kg	1500 kg
Kofferraumvolumen	318 – 514 l	318 – 514 l
Höchstgeschwindigkeit	230 km/h; USA/Japan: 215 km/h	240 km/h
Beschl. 0 - 100 km/h	7,7 sek	6,9 sek
Verbrauch/100 km	8,7 Liter Super	9,1 Liter Super
Tankinhalt	84 Liter (Heck)	84 Liter (Heck)
Stückzahl	5291	406

	924 Carrera GTS	924 Carrera GTR (Gruppe 4)	924 GTP Le Mans
Motor	Reihenvierzylinder mit Abgas-Turbolader KKK 2670 und Ladeluftkühler, Typ M31/60	Reihenvierzylinder mit Abgas-Turbolader und Ladeluftkühler, Typ M31/70	Reihenvierzylinder mit Abgas-Turbolader und Ladeluftkühler
Zylinder	4	4	4
Bohrung x Hub	86,5 x 84,4 mm	86,5 x 84,4 mm	86,5 x 84,4 mm
Hubraum	1984 cm^3	1984 cm^3	1984 cm^3
Leistung	180 kW (245 PS) bei 6250/min	276 kW (375 PS) bei 6400/min	235 kW (320 PS) bei 7000/min
Drehmoment	335 Nm bei 3000/min	405 Nm bei 5600/min	390 Nm bei 4500/min
Verdichtung	8,01:1	7,0 : 1	6,8 : 1
max. Ladedruck	1,0 bar	1,35 – 1,5 bar	k. A.
Gemischaufbereitung	Mech. Einspritzung Bosch K-Jetronic	Mech. Einspritzung Kugelfischer	Mech. Einspritzung Kugelfischer
Zündung	Transistorzündung mit digitaler Zündwinkelverstellung	Transistorzündung mit digitaler Zündwinkelverstellung	Transistorzündung mit digitaler Zündwinkelverstellung
Ventile	ohv, über Zahnriemen angetrieben	ohv, über Zahnriemen angetrieben	ohv, über Zahnriemen angetrieben
Kurbelwellenlager	5	5	5
Kühlung	Wasser	Wasser	Wasser
Schmierung	optional Trockensumpfschmierung	Trockensumpfschmierung	Trockensumpfschmierung
Batterie	k. A.	k. A.	k. A.
Lichtmaschine	k. A.	k. A.	k. A.
Kraftübertragung	Transaxle-Antrieb auf Hinterräder, Motor längs über Vorderachse mit starrem Verbindungsrohr zum Getriebe vor der Hinterachse	Transaxle-Antrieb auf Hinterräder, Motor längs über Vorderachse mit starrem Verbindungsrohr zum Getriebe vor der Hinterachse	Transaxle-Antrieb auf Hinterräder, Motor längs über Vorderachse mit starrem Verbindungsrohr zum Getriebe vor der Hinterachse
Getriebe	Fünfgang-Schaltgetriebe, Typ G31/30 verstärkt, mit Spritzschmierung und Ölkühlung, 40%iges Sperrdifferenzial	Fünfgang-Schaltgetriebe, Typ G31/30 verstärkt, mit Spritzschmierung und Ölkühlung, 100%iges Sperrdifferenzial	Fünfgang-Schaltgetriebe verstärkt, starrer Durchtrieb, Sperrdifferenzial
Übersetzungen	I. k. A.	I. k. A.	je nach Rennstrecke
	II. k. A.	II. k. A.	
	III. k. A.	III. k. A.	
	IV. k. A.	IV. k. A.	
	V. k. A.	V. k. A.	
Fahrwerk	selbsttragende Karosserie, Einzelradaufhängung rundum	selbsttragende Karosserie, Einzelradaufhängung rundum	selbsttragende Karosserie, Einzelradaufhängung rundum
Vorderachse	McPherson-Federbeine, Querlenker unten, Schraubenfedern, Bilstein-Gasdruckdämpfer, Stabilisator	McPherson-Federbeine, Querlenker unten, Schraubenfedern, Bilstein-Gasdruckdämpfer, einstellbarer Stabilisator	McPherson-Federbeine, Querlenker unten, Schraubenfedern, Stabilisator, Bilstein-Gasdruckstoßdämpfer
Hinterachse	Aluminium-Schräglenker, pro Rad ein Federstab quer, Bilstein-Gasdruckdämpfer, Stabilisator	Aluminium-Schräglenker, pro Rad ein Federstab quer, Bilstein-Gasdruckdämpfer, einstellbarer Stabilisator	Stahl-Schräglenker, progressiv wirkende Schraubenfedern, Stabilisator, Bilstein-Gasdruckstoßdämpfer
Lenkung	Zahnstange	Zahnstange	Zahnstange
Bremse	Zweikreis-Hydraulik mit Servo, innenbelüftete Scheiben vorne/hinten (304 x 32 / 309 x 28 mm)	Zweikreis-Hydraulik mit Servo, innenbelüftete Scheiben vorne/hinten wie 917, bzw. 935	Zweikreis-Hydraulik mit Servo, innenbelüftete und gelochte Scheiben wie 917, bzw. 936 hinten/vorne
Maße, Volumina, Fahrleistungen, Verbrauch			
Radstand	2400 mm	2400 mm	2400 mm
Spur vorne/hinten	1475/1481 mm	1534/1504 mm	1534/1504 mm
Länge x Breite x Höhe	4240 x 1745 x 1275 mm	4244 x 1850 x 1200 mm	4200 x 1850 x 1200 mm
Räder/Reifen	7 J x 16 + 8 J x 16 mit 205/55 VR 16 (v.) + 225/50 VR 16 (h.)	11,75 J x 16 mit 275/600 x 16 (v.) + 300/625 x 16 (h.)	11.75 x 16 mit 275/600 x 16 (v.) + 300/625 x 16 (h.)
Leergewicht	1121 kg	945 kg	930 kg
Zuläss. Gesamtgewicht	k. A.	k. A.	k. A.
Kofferraumvolumen	514 l	k. A.	k. A.
Höchstgeschwindigkeit	250 km/h	245 – 290 km/h	290 km/h
Beschl. 0–100 km/h	6,2 sek	4,7 sek	k. A.
Verbrauch/100 km	k. A.	k. A.	k. A.
Tankinhalt	84 Liter (Heck)	120 Liter (Heck)	120 Liter (Heck)
Stückzahl	59	17	4

	924 SCCA (D-Produktion)		924 S (1985 – 1987)			924 S (1987 – 1988)		
Motor	Reihenvierzylinder		Reihenvierzylinder, Typ M44/07 (mit Automatik M44/08)			Reihenvierzylinder, Typ M44/09 (mit Automatik M44/10)		
Zylinder	4		4			4		
Bohrung x Hub	87,7 x 84,4 mm		100 x 78,9 mm			100 x 78,9 mm		
Hubraum	2039 cm³		2479 cm³			2479 cm³		
Leistung	132 kW (180 PS) bei 7000/min		110 kW (150 PS) bei 5900/min			118 kW (160 PS) bei 5900/min		
Drehmoment	200 Nm bei 5750/min		190 Nm bei 4500/min			210 Nm bei 4500/min		
Verdichtung	11,5 : 1		9,7:1			10,2 : 1		
max. Ladedruck								
Gemischaufbereitung	Mech. Einspritzung Kugelfischer		Elektronische Einspritzung Bosch L-Jetronic			Elektronische Einspritzung Bosch L-Jetronic		
Zündung	HKZ, kontaktlos		DME, kontaktlos			DME, kontaktlos		
Ventile	ohv, Antrieb über Zahnriemen		ohc, über Zahnriemen angetrieben			ohc, über Zahnriemen angetrieben		
Kurbelwellenlager	5		5			5		
Kühlung	7 Liter Wasser		7,8 Liter Wasser			7,8 Liter Wasser		
Schmierung	7 Liter Öl		6 Liter Öl			6,5 Liter Öl		
Batterie	12 V 15 Ah		12 V 50 Ah			12 V 50 Ah		
Lichtmaschine	k. A.		Drehstrom 1260 W			Drehstrom 1260 W		
Kraftübertragung	Transaxle-Antrieb auf Hinterräder, Motor längs über Vorderachse mit starrem Verbindungsrohr zum Getriebe vor der Hinterachse		Transaxle-Antrieb auf Hinterräder, Motor längs über Vorderachse mit starrem Verbindungsrohr zum Getriebe vor der Hinterachse			Transaxle-Antrieb auf Hinterräder, Motor längs über Vorderachse mit starrem Verbindungsrohr zum Getriebe vor der Hinterachse		
Getriebe	Fünfgang-Schaltgetriebe, Typ G31/01Sperrdifffenzial 80 %		Fünfgang-Schaltgetriebe,Typ 016.J auf Wunsch Dreigangautomatik, Typ 087 M			Fünfgang-Schaltgetriebe,Typ 016.J; auf Wunsch Dreigangautomatik, Typ 087 M		
				Fünfgang-Getriebe	Automatik		Fünfgang-Getriebe	Automatik
Übersetzungen	I.	k. A.	I.	3,6	2,71	I.	3,6	2,71
	II.	k. A.	II.	2,125	1,5	II.	2,125	1,5
	III.	k. A.	III.	1,458	1	III.	1,458	1
	IV.	k. A.	IV.	1,071		IV.	1,071	
	V.	k. A.	V.	0,829		V.	0,829	
Antriebsübersetzung	k. A.			3,889	3,08		3,889	3,08
Fahrwerk	selbsttragende Karosserie, Einzelradaufhängung rundum		selbsttragende Karosserie, Einzelradaufhängung rundum			selbsttragende Karosserie, Einzelradaufhängung rundum		
Vorderachse	McPherson-Federbeine, Querlenker unten, Schraubenfedern, Bilstein-Gasdruckdämpfer		McPherson-Federbeine, Querlenker unten, Schraubenfedern, Stabilisator			McPherson-Federbeine, Querlenker unten, Schraubenfedern, Stabilisator		
Hinterachse	Verstärkte Stahl-Schräglenker, progressiv wirkende Schraubenfedern, Bilstein-Gasdruckdämpfer		Aluminium-Schräglenker, pro Rad ein Federstab quer, Stabilisator			Aluminium-Schräglenker, pro Rad ein Federstab quer, Stabilisator		
Lenkung	k. A.		Zahnstange (22,39:1), 3,75 Umdrehungen auf Wunsch Servo (18,9:1), 3 Umdrehungen			Zahnstange (22,39:1), 3,75 Umdrehungen; auf Wunsch Servo (18,9:1), 3 Umdrehungen		
Bremse	Bremsanlage 924 Turbo, Bremskraftverteilung einstellbar (282 x 20/289 x 20 mm)		Zweikreis-Hydraulik mit Servo, innenbelüftete Scheiben vorne/hinten (282 x 20/289 x 20 mm)			Zweikreis-Hydraulik mit Servo, innenbelüftete Scheiben vorne/hinten (282 x 20/289 x 20 mm)		
Maße, Volumina, Fahrleistungen, Verbrauch								
Radstand	2400 mm		2400 mm			2400 mm		
Spur vorne/hinten	1513/1466 mm		1419/1393 mm			1481/1393 mm		
Länge x Breite x Höhe	4320 x 1718 x 1210 mm		4212 x 1685 x 1275 mm			4212 x 1685 x 1275 mm		
Räder/Reifen	7,5 J x 15 (Goodyear Racing 22,5/7,5 x 15)		6 J x 15 (LM) mit 195/65 VR 15, auf Wunsch 6 J x 16 (LM) mit 205/55 VR 16			6 J x 15 (LM) mit 195/65 VR 15, auf Wunsch 6 J x 16 (LM) mit 205/55 VR 16		
Leergewicht	970 kg		1210 kg			1240 kg		
Zuläss. Gesamtgewicht	k. A.		1530 kg			1560 kg		
Kofferraumvolumen	k. A.		318 – 514 Liter			318 – 514 Liter		
Höchstgeschwindigkeit	k. A.		215 km/h (Automatik 215 km/h)			220 km/h (Automatik 218 km/h)		
Beschl. 0–100 km/h	k. A.		8,5 sek (Automatik 10,0 sek)			8,2 sek (Automatik 9,5 sek)		
Verbrauch/100 km	k. A.		9,1 Liter Super (9,6 Liter Super)			9,2 Liter Normal (9,6 Liter Normal)		
Tankinhalt	50 Liter (Heck)		66 Liter (Heck)			66 Liter (Heck)		
Stückzahl	16		12.195			4079		

DANK

Aufrichtiger und herzlicher Dank geht an alle, die dieses Buch mit ihrer Unterstützung, ihrem Können und nicht zuletzt mit ihren Autos möglich gemacht und in die perfekte Balance gebracht haben. Dazu gehören zuallererst die Kollegen des Porsche-Archivs, allen voran Jens Torner und Dieter Landenberger, sowie die Fotografen Andreas Beyer, Stephan Lindloff, Roman Rätzke und Götz von Sternenfels. Danke an die Lieben daheim und auch an jene, die hier aus Vergesslichkeit nicht erwähnt wurden.

4
924
PORSCHE
BOSCH
DUNLOP
Shell